Adebayo Samson Adeoye

Utilização de Jatropha curcas L. para a mitigação ambiental na Nigéria

Adebayo Samson Adeoye

Utilização de Jatropha curcas L. para a mitigação ambiental na Nigéria

ScienciaScripts

Imprint
Any brand names and product names mentioned in this book are subject to trademark, brand or patent protection and are trademarks or registered trademarks of their respective holders. The use of brand names, product names, common names, trade names, product descriptions etc. even without a particular marking in this work is in no way to be construed to mean that such names may be regarded as unrestricted in respect of trademark and brand protection legislation and could thus be used by anyone.

Cover image: www.ingimage.com

This book is a translation from the original published under ISBN 978-620-2-30556-3.

Publisher:
Sciencia Scripts
is a trademark of
Dodo Books Indian Ocean Ltd. and OmniScriptum S.R.L publishing group

120 High Road, East Finchley, London, N2 9ED, United Kingdom
Str. Armeneasca 28/1, office 1, Chisinau MD-2012, Republic of Moldova, Europe
Printed at: see last page
ISBN: 978-620-7-67087-1

RESUMO

O estudo foi realizado com o objetivo de investigar o comportamento dos agricultores na utilização de *Jatropha curcas L.* para a mitigação ambiental na área de estudo. Foi utilizada uma técnica de amostragem intencional para selecionar 120 agricultores de entre 217 agricultores de Jatropha formados nas áreas governamentais locais de Ido e Akinyele do Estado de Oyo. Os dados foram analisados com recurso a frequências, percentagens, médias e correlação produto-momento de Pearson. O resultado do estudo mostrou que a maioria dos inquiridos era do sexo masculino (66,7%) e tinha educação formal (91,7%). O resultado mostrou que existia uma correlação significativa entre as características socioeconómicas dos inquiridos e o comportamento dos agricultores em relação à utilização da *Jatropha curcas* para a mitigação ambiental. Houve uma correlação entre o conhecimento dos agricultores sobre o cultivo de Jatropha *curcas* e o seu comportamento na utilização de *Jatropha curcas para a* conservação ambiental ($r = 0{,}399^{**}$, $p < 0{,}05$). A atitude dos inquiridos foi significativamente relacionada com o seu comportamento na utilização da Jatropha *curcas para a* proteção ambiental ($r = -0{,}182^{*}$, $p < 0{,}05$). O estudo mostrou que a consciência e a atitude dos agricultores influenciam fortemente o seu comportamento em relação à utilização da Jatropha *curcas para a proteção ambiental.* A conclusão deste estudo é que é necessário assegurar que o ambiente esteja livre de perigos e de degradação que afectem a sobrevivência do ecossistema e da biodiversidade. Por conseguinte, o governo deve empenhar-se na defesa da abertura de canais de comunicação contínuos sobre a importância da Jatropha e motivar os agricultores a terem um comportamento correto em relação à utilização da *Jatropha curcas* como medida para mitigar o ambiente.

Palavras-chave: comportamento, utilização, *Jatropha curcas*, agricultores, atenuação, ambiente

CAPÍTULO 1 INTRODUÇÃO

A degradação ambiental é uma consequência das actividades humanas causada pelo imenso consumo de energia. O aumento do consumo e da produção de energia desencadeou um efeito de estufa que levou à degradação ambiental através do esgotamento do ar, da água e do solo, bem como à destruição dos ecossistemas e à extinção da vida selvagem (Wikipédia, 2012). A degradação ambiental ocorre quando o ambiente perde valor ou é danificado. Existem muitas formas de degradação ambiental, que vão desde a destruição de habitats e a perda de biodiversidade até à destruição de recursos naturais, que se manifesta na erosão do solo e do vento, nas catástrofes provocadas pelas cheias, na desflorestação e na desertificação. A isto juntam-se os efeitos negativos das actividades humanas através da utilização de agroquímicos para fins agrícolas, que prejudicam o clima, o ecossistema e a biodiversidade. Para além da degradação ambiental causada pela indústria energética e pela utilização de combustíveis fósseis na Nigéria, o ambiente tem sido, nos últimos tempos, especialmente em 2011, repetidamente degradado pela erosão dos solos no sudoeste, pela desertificação e desertificação no sudoeste da Nigéria, pela seca no norte da Nigéria e pelas inundações no sudoeste, no norte e noutras partes da Nigéria (Ehwarieme *et al.*, 2011). No entanto, todos estes desafios ambientais exigem uma solução urgente e sustentável na perspetiva das culturas de energias renováveis, que não estão bem desenvolvidas na Nigéria, ao contrário dos países desenvolvidos do mundo, onde as culturas de energias renováveis, como o choupo, o capim-elefante e a planta de pinhão-manso, são utilizadas para a mitigação ambiental. Nos países desenvolvidos, a produção de energia a partir de biocombustíveis é uma melhor alternativa aos combustíveis fósseis e o biocombustível de jatropha tem a vantagem de substituir os motores a gasóleo e neutralizar as emissões de carbono da combustão de hidrocarbonetos (Mkoma e Mabiki, 2011). Hagman *et al.* (2011) sublinharam que o mundo enfrenta um grande desafio na prevenção de danos ambientais devido à utilização de combustíveis fósseis e ao aquecimento global com o aumento demonstrável das concentrações de gases com efeito de estufa na atmosfera. Achten *et al.* (2008) afirmaram que o cultivo de Jatropha *curcas* pode simultaneamente combater a desertificação, produzir biodiesel e promover o desenvolvimento socioeconómico das zonas rurais. A utilização da Jatropha *curcas* serve para restaurar o ambiente através do cultivo para evitar a erosão do solo e para conservar o ecossistema e a biodiversidade (Amoah, 2009). A diversificação dos agricultores de culturas alimentares para culturas energéticas renováveis para a produção de biocombustíveis, a melhoria do microclima e a limpeza das estufas é um contributo importante para garantir um ambiente sustentável (Anjum, 2012). A falta de um ambiente sustentável nesta parte do mundo pode dever-se à falta de uma sensibilização adequada e de uma atitude correcta das pessoas em geral em relação às medidas correctivas necessárias para garantir um ambiente habitável e sem riscos para os seres humanos, as plantas, os animais e a vida selvagem, por assim dizer. Por conseguinte, a cultura da *Jatropha curcas é uma* cultura potencial de extrema importância para a proteção do ambiente, mas muitos agricultores ainda não têm conhecimento desta cultura energética. O atual desafio global é a degradação ambiental causada pelo consumo generalizado de combustíveis fósseis, o que torna imperativo o desenvolvimento de fontes de energia alternativas que possam conduzir a um sistema energético e ambiental sustentável (Raghuvanshi *et al.*, 2007). O consumo destes recursos energéticos conduziu a alterações climáticas e à destruição da camada de ozono, o que tem um impacto negativo no ambiente. O envolvimento dos agricultores na produção de Jatropha tornou-se inevitável na Nigéria e noutros países em desenvolvimento do mundo. O aumento do cultivo desta cultura energética foi aceite pela sociedade para reduzir as emissões de gases com efeito de estufa, a erosão do solo e outros danos ambientais (Jonsson *et al.*, 2011). A Jatropha é promovida como uma cultura resistente à seca com elevado potencial de crescimento em solos degradados, que tem um impacto positivo no ambiente através da produção de biodiesel (Ostwald *et al.*, 2011). Por conseguinte, o acesso dos agricultores a uma sensibilização adequada contribuirá para as suas atitudes em relação ao cultivo da jatropha para proteção ambiental. No entanto, as atitudes em relação ao cultivo da Jatropha e os programas de sensibilização das organizações não governamentais podem ter um impacto no comportamento dos agricultores em relação à utilização da *Jatropha curcas para a proteção ambiental*. Mas até que ponto estes agricultores estão acessíveis a programas educativos sobre os benefícios da planta? O objetivo do estudo foi investigar o comportamento dos agricultores em relação à utilização da Jatropha *curcas para a* proteção ambiental no Estado de Oyo, na Nigéria. Os objectivos específicos eram examinar as características pessoais dos agricultores na zona de estudo, determinar a sensibilização dos agricultores na zona de estudo e avaliar a atitude dos agricultores em relação ao cultivo de Jatropha *curcas* na zona de estudo.

CAPÍTULO 2 REVISÃO DA LITERATURA

2.1.0 Origem da Jatropha curcas

A Jatropha é um arbusto de folha caduca e perene que se encontra em todo o mundo e cujo nome deriva da palavra grega "iatros" para médico e "trophe" para alimento (Misra e Misra, 2010). Rodriguez-Acosta *et al* (2009) descobriram que o género Jatropha é nativo do México com cerca de 45 espécies, 77 % das quais são endémicas. A planta é vulgarmente conhecida como Physicus. O género Jatropha pertence à tribo Joannesieae na família Euphorbiaceae e compreende cerca de 170 espécies conhecidas (Kumar e Sharma, 2008). Henning *et al.* (2006) descobriram que a Jatropha, uma árvore de frutos secos, é atualmente pantropical e tem a sua área de distribuição original no México, América Central, Brasil, Bolívia, Peru, Argentina e Paraguai. A Jatropha curcas foi originalmente introduzida por comerciantes portugueses na Ilha de Cabo Verde e na Guiné-Bissau, na África Ocidental, tendo-se posteriormente espalhado por toda a África tropical e subtropical e pela Ásia (Heller, 1996).

De acordo com Hawkins e Chen (2012), foram identificadas três variantes específicas na literatura científica:

- Nicarágua - Espécie de grande porte que quase não produz frutos
- Cabo-verdiano - difundido em toda a África e Ásia:
- Mexicana - conhecida pela sua baixa toxicidade e variedades não tóxicas.

Brittaine e Lutaladio (2008) descobriram que a "Jatropha" foi plantada em cerca de 900.000 hectares em todo o mundo, 760.000 hectares na Ásia, 120.000 hectares em África e talvez 20.000 hectares na América Latina. Estima-se que 70% tenham sido plantados principalmente por pequenos agricultores, e relatos anedóticos sugerem que 200.000 hectares foram plantados em áreas adequadas, principalmente na Índia, Indonésia e África (Hawkins e Chen, 2012).

As novas plantações são agora mais susceptíveis de utilizar as variedades comerciais atualmente disponíveis, o que constitui uma melhoria em relação às plantações existentes, que utilizavam em grande parte plantas selvagens. Como referem Brittaine e Lutalaido (2008, ibid.), o principal ponto fraco da Jatropha é o facto de se tratar de uma planta selvagem que foi pouco melhorada. No entanto, o elevado teor de óleo das sementes de Jatropha, que se diz situar-se entre 28% e 40%, excelente para a refinação em biodiesel, incentivou um pequeno número de organizações de investigação e desenvolvimento com formação em fitotecnia e biologia a empreender uma investigação científica séria e orientada.

2.1.1 Situação mundial da cultura da jatropha

Garg, Karlberg, Wani e Berndes (2011) salientaram que uma avaliação global da aptidão ecológica para a cultura do pinhão-manso nas condições climáticas actuais e futuras indica que podem ser obtidos rendimentos elevados tanto em zonas tropicais como em zonas de clima quente. Estima-se que as alterações climáticas reduzirão os rendimentos médios globais em cerca de 10 %, com maior variabilidade a nível local (Feng, Krueger e Oppenheimer, 2010). Segundo Tatikonda *et al.* (2009), é provável que, no futuro, as zonas de África, da América do Sul e da parte setentrional do Sul e do Leste da Ásia (norte da Índia, Nepal e China) sejam mais adequadas para a cultura da jatropha, devido à menor frequência prevista de geadas e de dias e noites frios.

O pinhão-manso é considerado tolerante à seca e pode ser cultivado em solos arenosos e salinos degradados com baixo teor de nutrientes (Da Schio, 2010). Kumar e Sharma (2008) sugeriram que a jatrofa pode ser cultivada numa vasta gama de regimes de precipitação de 300 a 3000 mm, quer nos campos como cultura, quer como sebe ao longo dos limites dos campos para proteger outras culturas dos animais que pastam e evitar a erosão. Além disso, a cultura da jatrofa poderia servir de matéria-prima para a produção de biodiesel ou biocombustível na Índia, do ponto de vista do consumo de água, o que é visto como uma opção para a utilização produtiva de terrenos baldios e das necessidades de caudal ambiental a jusante. A utilização de terrenos baldios para a cultura da jatrofa poderia contribuir para reforçar os meios de subsistência locais, a diversificação dos rendimentos dos pequenos agricultores e o ordenamento do território (Mandal e Mitrha, 2004).

Prevê-se uma área de 4,72 milhões de hectares para o cultivo de jatropha até 2010 e uma área de 12,8 milhões de hectares até 2015. Nessa altura, prevê-se que a Indonésia seja o maior produtor da Ásia, com 5,2 milhões de hectares, que o Gana e Madagáscar tenham a maior área cultivada em África, com um total de 1,1 milhões de hectares, e que o Brasil seja o maior produtor da América Latina, com 1,3 milhões de hectares (Gexsi, 2008).

2.1.2 Cultivo de Jatropha numa perspetiva nigeriana

De acordo com Yammama (2009), a cultura da jatropha já é muito popular, com um rendimento de óleo superior a 40 por cento. Na Nigéria, existem muitas terras desflorestadas economicamente viáveis e grandes áreas de terrenos baldios que podem ser utilizadas para o cultivo da planta de jatrofa. Na Nigéria, os agricultores cultivam a jatropha juntamente com outras culturas, como o milho e a mandioca, entre as árvores de jatropha (Yammama, 2009) Ibid. As razões para o cultivo intercalar são essencialmente para distribuir o risco de condições climáticas desfavoráveis, embora as plantas também possam beneficiar de sombra e do controlo natural de doenças e pragas. O cultivo de jatropha juntamente com culturas arvenses seleccionadas, como o milho e os legumes, teve efeitos positivos do que quando as culturas foram plantadas isoladamente e é considerado um sucesso na Nigéria (Geply *et al.*, 2011).

A Jatropha encontra-se em todo o país, sendo utilizada pelas pessoas para vários fins (Olushola, 2009). Os arbustos estão bem adaptados às condições de seca e têm a capacidade de combater e controlar a desertificação através da restauração do coberto vegetal. Além disso, a planta é relativamente resistente à seca devido às técnicas de cultivo, o que a torna adequada para a estabilização de dunas de areia, conservação do solo, controlo da erosão do solo e como habitat oportuno para a vida selvagem. Francis et al. (2000) referiram que a Jatropha é capaz de crescer em terras marginais e restaurar áreas erodidas, uma vez que pode armazenar água e sobreviver na estação mais seca. Por conseguinte, é útil para a reflorestação, a reabilitação do solo e o controlo da erosão do solo.

Em 2008, o governo nigeriano interessou-se vivamente pelo cultivo da planta Jatropha e de outras culturas de biocombustíveis para reduzir a dependência do país da gasolina importada, reduzir a poluição e criar uma indústria comercialmente viável que possa gerar emprego no país (Belewu *et al.*, 2010). Aransiola *et al* (2012) ilustraram a importância para a Nigéria de produzir biodiesel a partir de matérias-primas disponíveis para reduzir a dependência dos combustíveis fósseis e promover o cultivo da planta de jatropha na Nigéria entre os pequenos agricultores.

A Jatropha é uma planta de grande interesse na Nigéria para vários fins, desde o uso doméstico ao industrial. A Jatropha é uma planta não comestível e, por isso, não é cultivada em grande escala pelos agricultores nigerianos nem pelos agricultores comerciais. Nos últimos anos, contudo, foram estabelecidas algumas plantações de investigação como estudos-piloto para combater a degradação do solo (Galadima *et al.*, 2011). No entanto, no âmbito do atual plano de biocombustíveis, alguns Estados do Norte, nomeadamente Kebbi, Sokoto, Zamfara, Kastina, Kano, Jigawa, Bauchi, Yobe, Adamawa e Gombe, foram seleccionados para o cultivo em grande escala da cultura de jatropha. Galadima *et al* (2011 Ibid) mostra que a seleção da Jatropha na Nigéria é uma opção versátil e que, para além das fontes de energia, é possível resolver os problemas da degradação dos solos, da desertificação e da desflorestação. Se apenas 10% das terras disponíveis nos Estados pudessem ser utilizadas, gerar-se-iam receitas adicionais de 3 mil milhões de dólares a partir de 60 000 000 de hectares, o que é mais do que a dotação anual atribuída aos Estados. A desvantagem, no entanto, pode ser o facto de os pequenos agricultores poderem mudar de culturas alimentares para o cultivo de jatropha devido ao valor de mercado previsível, o que pode comprometer a segurança alimentar do país.

2.1.3 Botânica de Jatropha curcas

A Jatropha, também conhecida como pinhão-manso, é uma pequena árvore ou um grande arbusto que pode atingir uma altura de até 5 m, com crescimento articulado e uma descontinuidade morfológica a cada incremento (Heller, 1996). Deeb (2011) afirmou que a Jatropha é uma pequena árvore com casca cinzenta lisa que liberta seiva leitosa aquosa de cor esbranquiçada quando cortada. Cresce normalmente entre três e cinco metros de altura, mas pode atingir uma altura de oito a dez metros em condições favoráveis.

De acordo com Siang (2010), a Jatropha curcas L é classificada da seguinte forma:

Divisão	:	Spermatophyta
Classe	:	Plantas dicotiledóneas
Família	:	Euphorbiaceae
Género	:	Jatropha

No entanto, a botânica da Jatropha é ilustrada pelas suas características, tais como folhas, flores, frutos, sementes e sistema radicular.

As folhas: As folhas são grandes, de cor verde a verde-clara, alternas a opostas, com três a cinco lóbulos e uma filotaxia em espiral. As folhas são lisas, 4-6-lobadas e 10-15 cm de comprimento e largura (Achten, 2010).

Flores: O comprimento do pecíolo é de 6-23 mm. A inflorescência forma-se no eixo da folha. As flores são terminais e solitárias, sendo as flores femininas geralmente um pouco maiores e aparecendo na estação quente. Em condições de crescimento contínuo, um desequilíbrio entre a produção de flores pistiladas e estaminadas leva a um maior número de flores femininas (Deeb, 2011). De acordo com Tewari (2012), as flores são unissexuais, com a proporção de flores masculinas e femininas variando de 13:1 a 29:1 e diminuindo à medida que a planta envelhece (Jubera, 2008). Normalmente, a Jatropha floresce apenas uma vez por ano durante a estação das chuvas (Raju e Ezradanam, 2002).

Frutos: Segundo Lele (2010), os frutos formam-se no inverno quando o arbusto não tem folhas, ou pode formar vários frutos durante o ano se o solo for húmido e as temperaturas forem suficientemente elevadas. Cada inflorescência produz um cacho de cerca de 10 ou mais frutos ovóides. Após o amadurecimento das sementes e a morte do exocarpo carnudo, formam-se três bolores bivalves. Kumar e Sharma (2008) explicam claramente que, sob boas condições de precipitação, as plantas de viveiro podem dar frutos após a primeira estação chuvosa e as plantas de sementeira direta após a segunda estação chuvosa.

Semente: O pinhão-manso floresce durante a estação das chuvas, embora haja frequentemente duas paragens completas da floração. Nas regiões permanentemente húmidas, floresce durante todo o ano. Após a floração, as sementes amadurecem durante cerca de três meses. A maturidade das sementes pode ser reconhecida pelo facto de a cápsula mudar de cor de verde para amarelo após dois a quatro meses (Deeb, 2011). As sementes de pinhão-manso parecem feijões pretos e têm, em média, 18 mm de comprimento, 12 mm de largura e 10 mm de espessura. As sementes pesam entre 0,5 e 0,8 gramas, com uma média de 1333 sementes por quilograma, enquanto as sementes secas têm um teor de humidade de cerca de 7% e contêm entre 32% e 40% de óleo, com uma média de 34%, estando praticamente todo o óleo presente na amêndoa (Van der Putten *et al.*, 2009).

Sistema radicular: A Jatropha tem raízes bem desenvolvidas. As raízes axiais são longas e distintas e as raízes laterais também são bem desenvolvidas (Ye *et al.*, 2009). Quando o pinhão-manso tem 18-25 cm de altura, a raiz axial pode ter 40-50 cm de comprimento, com 6-10 raízes laterais que têm 30-45 cm de comprimento. De acordo com Van der Putten et al. (2009), o sistema radicular da Jatropha cresce tanto lateralmente como verticalmente em camadas profundas do solo. Heller (1996) concorda que a planta desenvolve uma raiz axial profunda que inicialmente tem quatro raízes laterais pouco profundas. A raiz axial pode estabilizar o solo contra deslizamentos de terra, enquanto as raízes superficiais supostamente previnem e contêm a erosão do solo causada pelo vento ou pela água, mas este potencial não foi cientificamente comprovado (Achten, 2010). No entanto, Reubens (2011) verificou que as três

As estruturas dimensionais do sistema radicular grosseiro da Jatropha desempenham um papel importante no controlo da erosão hídrica, na estabilização de encostas para evitar a desertificação e no controlo de processos de erosão incisivos, como a erosão por regos e ravinas.

2.1.4 Práticas de cultivo de Jatropha curcas

O cultivo de arbustos de pinhão-manso para a produção de biocombustível é considerado amigo do ambiente, uma vez que as emissões de gases com efeito de estufa são reduzidas pelas sementes de pinhão-manso. Outros produtos da Jatropha, como as folhas, as cascas e as raízes, são considerados em termos de erosão ou de perdas de nutrientes para as águas superficiais. Os principais factores de produção necessários para um ambiente sustentável são a área de terra, incluindo os requisitos do solo e do clima, as práticas de cultivo e a gestão das plantações.

Condições do solo e do clima

É uma espécie tropical e cresce bem em condições subtropicais. Tolera temperaturas extremas, mas não a geada e o encharcamento. Cresce em quase todo o lado - mesmo em solos de cascalho, arenosos, ácidos e alcalinos com um valor de pH entre 5,5 e 8,5 (Biswas *et al.*, 2006). Pode desenvolver-se nos solos pedregosos mais pobres. Cresce mesmo nas fendas e fissuras das rochas em todos os solos, exceto naqueles que são inundados pela água. Se a subida do lençol freático engolir o sistema radicular principal e persistir durante um longo período de tempo, a planta morre. A planta é pouco exigente em termos de condições do solo e nem sequer necessita de lavoura. Heller (1996) afirma que a Jatropha tolera temperaturas extremas elevadas, mas teme as geadas, que danificam imediatamente a planta. Segundo Saverys (2008) e Parajuli (2009), o pinhão-manso prefere um solo bem drenado, arenoso ou cascalhento, com bom arejamento, a uma profundidade de pelo menos 45 cm. A Jatropha pode crescer numa grande variedade de solos e está bem adaptada a solos marginais com poucos nutrientes. No entanto, existe o risco de o crescimento ser prejudicado se for plantada em solos pesados ou encharcados (Achten, 2010; Singh *et al.*, 2006). A precipitação anual mínima de 500 mm é suficiente para obter uma produção de sementes rentável em condições de agricultura de sequeiro. Foidl *et al.* (1996) descobriram que a Jatropha prospera num intervalo de precipitação entre 250 mm e 300 mm. No entanto, a planta pode ser cultivada em áreas irrigadas e parcialmente irrigadas como uma cultura perene (Radich, 2004).

Espalhar

O pinhão-manso é geralmente propagado em pequena escala, tanto por sementes como por estacas de caule no campo (Parajuli, 2009). Para o cultivo comercial, é geralmente propagada por sementes. As sementes plumosas bem desenvolvidas são seleccionadas para a sementeira. Antes da sementeira, as sementes são embebidas em solução de estrume de vaca durante 12 horas e mantidas sob sacos húmidos durante 12 horas (Achten, 2010). O clima quente e húmido é favorável a uma boa germinação das sementes. As sementes germinadas são semeadas em sacos de polietileno de 15 x 25 cm cheios de terra, areia e estrume numa proporção de 1:1:1. As sementes ou as estacas podem ser plantadas diretamente no campo principal. Contudo, as estacas pré-enraizadas em sacos de polietileno, que são depois transplantadas para o campo principal, dão melhores resultados. Gour (2006) recomendou a sementeira direta no início da estação das chuvas, após a primeira chuva, quando o solo está húmido, uma vez que isto encoraja o desenvolvimento de um sistema de raízes principais saudável. Uma solução eficiente e económica para o estabelecimento bem-sucedido da Jatropha curcas consiste em pré-cultivar as plântulas durante dois meses em canteiros em condições de viveiro e em remover e transplantar as plântulas de raiz nua no campo (Saverys *et al.*, 2008).

Quantidade de sementes

São necessários cerca de 5-6,5 kg de sementes para plantar um hectare (Parajuli, 2009). [nd]A frutificação começa a partir do 2.º ano se a planta for propagada por estacas, mas demora mais um ano se for cultivada por sementes. As sementes devem ser plantadas a 4-6 cm de profundidade, com duas sementes por cova, e mais tarde desbastadas até se obter um povoamento. De acordo com Henning (2007), 1.300 sementes pesam cerca de

1 kg, pelo que a quantidade de sementes necessária para plantar um hectare é de cerca de 4 kg (2.500 plantas por hectare).

Plantação no campo

Dependendo das condições do solo, o terreno deve ser lavrado uma ou duas vezes. Na plantação direta, as estacas devem ser plantadas no campo principal a uma distância de 3 m x 2 m no início da estação das chuvas (Saverys *et al.*, 2008). Em áreas montanhosas onde a lavoura não é possível, depois de limpar a selva, são cavadas covas de 30 cm x 30 cm x 30 cm no espaçamento necessário, preenchidas com solo superficial e fertilizante orgânico (500 g de BJM + 100 g de bagaço de neem ou bagaço de óleo de pinhão-manso + 100 g de superfosfato) e depois plantadas. É preferível um espaçamento mais pequeno se a planta se destinar a ser cultivada como sebe para uma cerca ou para a conservação do solo. O espaçamento real é determinado de acordo com a utilização pretendida, a qualidade/condição do solo, a humidade, a precipitação e a cultura intercalar. No declive lateral de um aterro, recomenda-se 2m x 2m. As covas de plantação com 30-45 cm de largura e profundidade devem ser preparadas e a matéria orgânica incorporada antes da plantação, usando insecticidas como precaução contra térmitas (FAO, 2009). As mudas podem precisar de ser regadas durante os primeiros dois a três meses após a plantação.

Cuidados posteriores

É necessário mondar duas ou três vezes; não necessita de rega adicional se for plantada quando começa a chover. O pinhão-manso é caducifólio e as folhas caídas formam uma camada de cobertura morta à volta da base da planta no inverno. A matéria orgânica das folhas caídas também estimula a atividade das minhocas no solo à volta da zona das raízes das plantas, o que melhora a fertilidade do solo. A gradagem ligeira é benéfica na fase inicial de crescimento. Aos seis meses de idade, o beliscão da cauda é importante para estimular os rebentos laterais (Mshana *et al.*, 2008).

Gestão da copa das árvores

Trata-se dos cuidados a ter com a plantação de Jatropha. Para manter uma forma arbustiva, a planta deve ser podada na primavera (fevereiro-março) durante um máximo de cinco anos, incluindo a poda quando a planta atinge 1,5 metros de altura. O ramo terminal deve ser encurtado para formar ramos secundários. Do mesmo modo, os ramos secundários e terciários são encurtados ou podados no final do primeiro ano para formar pelo menos 25 ramos no final do segundo ano. O crescimento é rápido e a planta dará frutos em cerca de um ano. Este procedimento é útil para induzir um novo crescimento e estabilizar os rendimentos.

A monda regular deve limpar o campo de ervas daninhas concorrentes, e as ervas daninhas arrancadas podem ser deixadas no campo como cobertura morta (Achten, 2010). A poda é apresentada como uma intervenção fitossanitária importante que incentiva a produção de mais ramos e estimula inflorescências abundantes e saudáveis que, em última análise, garantem uma boa frutificação e produção de sementes (Gour, 2006).

Fertilizar

Na altura da plantação, são aplicados 2 kg de composto por cova. Em seguida, dependendo do tipo de solo, pode ser aplicado um fertilizante de 3-5 kg por planta, juntamente com NPK perto da coroa, utilizando o método do anel. Em geral, a aplicação de 150 kg de superfosfato por hectare, alternada com uma dose de 20:120:60 kg de NPK/ano, melhora o rendimento a partir do segundo ano. A partir do quarto ano, devem ser adicionados 150 kg de superfosfato à dose acima referida.

Verificou-se que a taxa óptima de aplicação de fertilizantes inorgânicos de azoto e fósforo varia em função da idade da planta (Patolia *et al.*, 2007). No entanto, foi demonstrado que as plantas de Jatropha em solos degradados ou marginais respondem melhor aos fertilizantes orgânicos do que aos fertilizantes minerais (Tomomatsu e Swallow, 2007).

Cultivo de culturas secundárias

A planta Jatropha tem potencial para crescer de forma rentável com legumes. Estes vegetais incluem pimentos, tomates, melões, abóboras, cabaças e pepinos. A Jatropha curcas pode ser cultivada com culturas anuais como o amendoim, o milheto e o quiabo (Saverys *et al.*, 2008). Yammama (2009) diz que a cultura intercalar é bem sucedida na Nigéria porque os agricultores cultivam Jatropha com outras culturas, como o milho e a mandioca entre os arbustos, o que tem um efeito global sobre os rendimentos e a renda dos agricultores. A cultura intercalar também oferece aos agricultores uma espécie de seguro contra o fracasso das colheitas. A época de crescimento de uma cultura é normalmente diferente da da outra. Assim, se a chuva chega demasiado tarde para uma cultura e prejudica o seu crescimento, pode ainda chegar a tempo para a outra cultura. No entanto, Franken (2010) salienta que o pinhão manso não deve ser cultivado juntamente com a mandioca, uma vez que pode transmitir várias doenças.

Doenças e pragas

Doenças e pragas da planta de Jatropha A podridão do colo pode ser inicialmente um problema que pode ser controlado com 0,2% de COC ou aplicando uma calda bordalesa a 1%. De acordo com Ouwens *et al* (2007), a planta é suscetível à maioria das pragas e doenças encontradas em culturas alimentares, acrescentando que a maioria destas pragas e doenças pode ser tratada biologicamente. As intervenções contra as pragas e doenças são raras e apenas no caso do oídio (Uncinula necator) e das lagartas de Spodoptera litura e de várias espécies de escaravelhos fitófagos. Deve ser dada especial atenção à consociação da Jatropha com outras culturas que possam servir de hospedeiros alternativos (por exemplo, mandioca, vírus do mosaico) (Henning, 2007).

De acordo com Kun *et al.* (2012), as doenças de plantas mais importantes das 11 espécies de Jatropha curcas são: mancha castanha das folhas de J. curcas são: mancha castanha das folhas de Jatropha curcas, míldio das estacas, cancro das estacas, humedecimento, oídio, bolor fuliginoso, antracnose, míldio das sementes, bolor cinzento e mancha foliar, enquanto as pragas de insectos são espécies de Maladera, wireworm, Tetrangchus urticae Koch, Aphis nerii Boyer de Fonscolombe, Nipaecocus vastator Maskell, pulgão, broca da formiga branca, mineiro das folhas e lagarta da polegada. As térmitas, os danos causados pelo frio, os ratos e os grilos também podem ameaçar a planta, tendo sido formuladas medidas de prevenção e controlo em função das condições locais. No entanto, Yoshida (2004) afirmou que não foram identificadas pragas e doenças graves devido à toxicidade da planta.

Colheita, vida útil e rendimento

A floração é desencadeada na estação das chuvas, os frutos nascem e amadurecem no inverno. As vagens secas são recolhidas quando ficam amarelas e, após a secagem, as sementes são separadas mecânica ou manualmente. As plântulas formam flores 9 meses após a sementeira. No entanto, as plantas cultivadas por estacas florescem 6 meses mais tarde. [rd]O rendimento económico começa no final do terceiro ano (3). As sementes são secas durante 4-5 dias para reduzir o teor de humidade em 10 % antes de serem embaladas. A vida económica da Jatropha é de 35-40 anos. A planta sobrevive até 50 anos se a zona das raízes não entrar em contacto com a subida do lençol freático, e dura mais tempo. Com base na composição nutricional dos frutos de Jatropha, pode estimar-se que a colheita de uma quantidade equivalente de frutos para um rendimento de 1 tonelada de sementes por hectare resulta numa remoção líquida de 14,3 - 34,3 kg de azoto, 0,7 - 7,0 kg de fósforo e 14,3 - 31,6 kg de potássio por hectare, mas a fertilização (artificial ou orgânica) deve pelo menos compensar esta remoção (Achten, 2010).

2.2.1 Utilização de Jatropha curcas

Nyamai et al (2007) afirmam que a Jatropha curcas é de grande benefício para muitas famílias rurais devido às suas múltiplas utilizações que respondem diretamente às necessidades dos pequenos agricultores (ver figura abaixo);

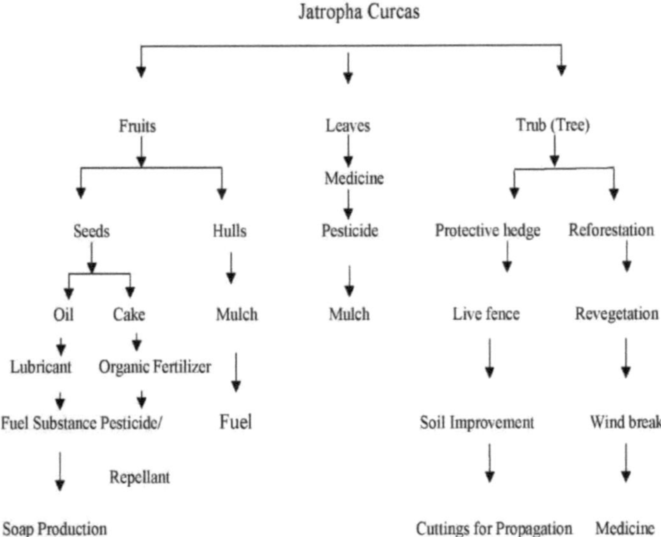

A figura 1 mostra a utilização da *Jatropha curcas*

Fonte: Manual sobre o potencial inexplorado da jatropha na África Oriental e Central

2.2.1 Como sebe e cerca viva

A Jatropha é uma excelente planta de cobertura que é geralmente cultivada como uma cerca viva para proteger os campos agrícolas dos danos causados pelo gado, uma vez que é palatável para o gado bovino e caprino (Kumar e Sharma, 2008). Yammama (2009) afirmou que a Jatropha é plantada sob a forma de sebes à volta de jardins ou campos para proteger as culturas de animais como o gado ou as cabras num sistema de pastoreio.

2.2.2 Como adubo verde ou fertilizante

O pinhão-manso é rico em azoto, uma vez que o bagaço das sementes é uma excelente fonte de nutrientes para as plantas e é também utilizado como fertilizante simples, com propriedades comparáveis às de outros fertilizantes orgânicos, como o azoto, o fósforo e o potássio (Kumar e Sharma, 2008).

2.2.3 Como alimentos

Existe uma variedade que é utilizada para consumo humano depois de as sementes terem sido torradas, enquanto as folhas jovens são seguras para comer quando cozinhadas a vapor ou estufadas (Sujatha *et al.*, 2005). No entanto, deve notar-se que a

Jatropha curcas não é comestível para consumo humano e animal. As sementes de Jatropha curcas são altamente tóxicas para o gado devido à presença de ésteres de forbol e antinutrientes como o inibidor de tripsina, a lectina e o fitato, e a elevada proporção de cascas no bolo de sementes impede a sua utilização na alimentação animal (Makkar *et al.*, 2008).

2.2.4 Como sabão e produto cosmético

A glicerina utilizada como sabão pode ser feita a partir do próprio óleo de Jatropha, produzindo em ambos os casos um sabão macio e durável adequado para uso doméstico (Kumar e Sharma, 2008). Diz-se que o sabão de pinhão-manso tem propriedades anti-sépticas e, por isso, é utilizado por pessoas com vários problemas de pele e sensibilidades em comparação com o sabão convencional. Warra (2012) afirma que o subproduto físico-químico obtido durante a produção de biodiesel pode ser utilizado para fazer sabão.

2.2.5 Pesticidas

O óleo e o extrato aquoso de Jatropha têm uma atividade inseticida utilizada no controlo de pragas do algodão, incluindo o bicho-bolo do algodão, e de pragas de leguminosas como a batata e o milho (Kaushik e Kumar, 2013). As propriedades físico-químicas do óleo de Jatropha revelaram níveis elevados de acidez, peróxido e iodo; foram também identificados dez esteróis e treze álcoois tritepénicos no óleo, sugerindo que a Jatropha

curcas tem efeitos anti-oviposição e ovicidas sobre o Callosobrochus maculatus, tornando-o um pesticida viável para programas de controlo de pragas do grão-de-bico (Adebowale *et al.*, 2006).

2.2.6 Aplicações médicas

Yammama (2009) afirma que a planta Jatropha é útil para vários fins medicinais, como

o tratamento da obstipação com laxantes das sementes, o tratamento da raiva com látex ou seiva da planta e o tratamento da malária com chá das folhas. Heller (1996), Kaushik e Kumar (2004) apresentam a utilização de diferentes partes da Jatropha curcas em medicamentos no quadro seguinte:

Plant Parts Used	Diseases
Seeds	To treat arthritis, gout and jaundice
Tender twigs / stem	Toothache, gum inflammation, gum bleeding, pyorrhea
Plant Sap	Dermatomucosal diseases
Plant extract	Allergies, burns, cuts and wounds, inflammation, leprosy leucoderma, scabies, small pox and wound healing
Water extract of branches	HIV, tumor

Quadro 2: Partes de *J. curcas* para o tratamento de doenças

2.2.7 Como fonte de energia

O óleo da planta de jatropha é considerado um potencial substituto de combustível. Os tipos de combustíveis que podem ser obtidos diretamente da planta da jatropha são a madeira, o fruto inteiro e partes do fruto, que podem ser queimados individualmente ou em combinação (Kumar e Sharma, 2008). O óleo de pinhão-manso é uma fonte de energia não convencional amiga do ambiente, rentável e renovável e um substituto promissor da energia hidroelétrica, do gasóleo, da parafina, do carvão e da lenha (Parajuli, 2009).

2.2.8 Origem do biodiesel

O óleo de pinhão-manso pode ser utilizado como combustível em motores a gasóleo, tanto diretamente como em mistura com metanol (Gubitz *et al.*, 1999). Os automóveis não precisam de ser modificados para utilizar o biodiesel resultante, como no caso do Centro de Biocombustíveis da Universidade Ahmadu Bello (Yammama, 2011).

2.3.0 Utilização para proteção ambiental e recuperação de terras

A Jatropha é essencialmente útil para melhorar a fertilidade do solo (Kumar e Sharma, 2008). Também reduz a erosão hídrica e eólica e aumenta a retenção de humidade no solo. As sebes de pinhão-manso são plantadas para reduzir a erosão causada pela água e/ou pelo vento (Yammama, 2009). A planta é utilizada para trabalhos de recuperação e conservação de terras, sendo plantada em terras marginais, cercados, encostas de montanhas e ravinas, e o seu bom sistema radicular mantém as partículas do solo unidas para reduzir a erosão do solo (Karavina *et al.*, 2011).

2.4.1 Sensibilização e conhecimento dos agricultores sobre a utilização da *Jatropha*

curcas para um ambiente sustentável

2.4.2 Fontes de informação para inovações agrícolas na Nigéria

A informação foi identificada como uma variável importante e crítica no processo de desenvolvimento, o que a torna um fator determinante no fornecimento de informação adequada, relevante e oportuna para transformar a produção agrícola nos países em desenvolvimento do mundo (Banmeke e Ajayi, 2008). De acordo com Richardson (2003), existe um interesse geral em explorar as tecnologias da informação e da comunicação como uma ferramenta de extensão rentável para o fornecimento de informação e a partilha de conhecimentos entre os agricultores. As fontes de informação são instituições ou indivíduos que produzem ou transmitem mensagens (Statrasts, 2004). O desenvolvimento de tecnologias agrícolas requer, entre outras coisas, a transmissão atempada e sistemática de informação agrícola útil e relevante através da disseminação de tecnologia relativamente bem desenvolvida do sistema formal de produção de tecnologia para os agricultores através de vários canais de comunicação (Oladele, 1999). Os meios de comunicação de massa, de acordo com Gudetal (2000), são canais de comunicação que atingem grandes grupos de pessoas de forma rápida e eficaz, sendo a rádio e a televisão os meios de comunicação mais eficazes, porque os níveis de literacia impedem as pessoas de utilizar os meios de comunicação impressos para obter informação, enquanto outros utilizam meios interpessoais para transmitir informação entre si. A rádio, os extensionistas e os agricultores continuam a ser as fontes mais utilizadas para obter informações sobre práticas agrícolas melhoradas, que não só aumentam o nível de conhecimento dos agricultores sobre a cultura, mas também conduzem a uma maior adoção e utilização da cultura (Madu, Umar e Khalique, 2012). No entanto, Olaitan (2010) observa que a fonte de informação nas áreas rurais é principalmente a comunicação interpessoal que ocorre na vida quotidiana entre amigos, parentes, famílias e suas respectivas associações. A adoção de práticas agrícolas melhoradas requer informações adequadas que devem ser efetivamente divulgadas para que a clientela as receba, compreenda e as considere como uma base válida para a ação. Qualquer sistema que inicie e estimule o desenvolvimento tem a responsabilidade de fornecer e divulgar informações sobre as suas actividades, a fim de informar as pessoas sobre o que está a acontecer à sua volta e de gerar nelas a atitude certa e incentivar a adoção de sistemas de valores desejáveis (Oriakhi e Okoedo-Okojie, 2013).

2.4.3 Sensibilização dos agricultores para a cultura da jatropha

Através de acções de sensibilização, os agricultores aprenderam a maximizar a produção nas suas terras através de culturas intercalares. Em algumas zonas do projeto, o pinhão-manso é cultivado juntamente com outras culturas, como a baunilha. De acordo com Tatedo (2012), um parceiro da Comissão Europeia, o desenvolvimento do sector da energia na Tanzânia é dificultado por capacidades limitadas, falta de sensibilização, de competências e de financiamento, mas tem apoiado os agricultores no cultivo de Jatropha curcas e no processamento das sementes para a produção de biocombustíveis e o acesso à energia. Com o apoio da Comissão Europeia, 450 agricultores receberam formação no cultivo de Jatropha e apoio na aquisição de sementes e plântulas. Foram também publicados materiais informativos e manuais de formação para os agricultores, operadores, empresários e decisores políticos da Jatropha. No entanto, Maingi (2010) observou que a falta de sensibilização dos agricultores para o papel potencial da cultura da jatrofa na gestão ambiental conduziu a um problema persistente de degradação ambiental nas zonas áridas e semi-áridas do Quénia. A Greenshield of Nations, uma organização não governamental, tem vindo a sensibilizar o povo nigeriano e os pequenos agricultores, bem como o governo a todos os níveis, incluindo as instituições tradicionais, para o projeto Jatropha (Yammama, 2009). A Comissão de Energia da Nigéria realizou um seminário para sensibilizar os agricultores para o cultivo e a utilização sustentável da jatrofa com vista ao desenvolvimento sustentável e à atenuação das alterações climáticas através da utilização de biocombustíveis no cabaz energético da Nigéria (Ezemonye, 2011).

2.4.4 Conhecimentos dos agricultores sobre a cultura de Jatropha curcas

De acordo com Komentar (2010), os desafios científicos em Jarak, na Indonésia, devem servir para colmatar o fosso entre as afirmações sobre a jatropha e os conhecimentos actuais dos pequenos agricultores. A lacuna é muito maior para o pinhão-manso do que para qualquer outra cultura de biocombustível no país, uma vez que o pinhão-manso é uma nova cultura. A maior parte dos conhecimentos disponíveis sobre a tecnologia dos biocombustíveis baseia-se no cultivo em grande escala da cana-de-açúcar e do milho, enquanto as culturas energéticas mais recentes, como a jatrofa, ainda não são facilmente acessíveis para cultivo (Ejigu, 2007), mas são prometedoras. A jatrofa tem potencial para melhorar a qualidade e a cobertura do solo e reduzir a sua erosão, enquanto os bagaços de óleo da jatrofa podem servir como nutrientes orgânicos para a fertilização do solo (Kartha, 2006). Raswant *et al.* (2008) argumentam que, como cultura energética de segunda geração, a Jatropha crescerá em terras marginais que não competem com as culturas alimentares.

No entanto, de acordo com Olatokun e Ayanbode (2009), o conhecimento autóctone das mulheres rurais do Mali contribuiu para a utilização tradicional da Jatropha curcas para a produção de petróleo bruto e agrocombustível. Estas mulheres também utilizaram a planta Jatropha para tratamentos medicinais e para produzir sabão local. A Jatropha é usada medicinalmente, sendo as sementes usadas como laxante, a seiva leitosa usada para parar hemorragias e combater infecções, e as folhas usadas para tratar a malária. O sistema agrícola também é conhecido por promover quatro aspectos principais do desenvolvimento, que, em conjunto, ajudam a garantir um modo de vida sustentável para os agricultores da aldeia e para a terra que os sustenta: controlo da erosão e melhoria dos solos, capacitação das mulheres, redução da pobreza e energias renováveis.

Favretto *et al* (2013) constataram na sua investigação sustentável que a maioria dos agricultores de jatropha no Mali não teve sucesso no cultivo de jatropha, enquanto apenas alguns deles mantiveram as suas plantas vivas nos primeiros três anos de plantação, o que está relacionado com o facto de as árvores jovens serem frequentemente atacadas por térmitas, como alguns deles confirmaram. A principal preocupação desses agricultores é a falta de rentabilidade financeira da produção de pinhão-manso, a falta de fertilizantes, de comunicação e de equipamentos agrícolas. No entanto, Favretto *et al.* (2013) esclarecem que o apoio aos agricultores a nível local deve ser melhorado, o acesso ao crédito deve ser facilitado e as redes de extensão devem ser reforçadas para superar os desafios que os agricultores enfrentam no cultivo da jatropha.

Além disso, Ohman (2011) confirmou que os pequenos agricultores ainda não têm conhecimentos suficientes sobre a gestão das culturas, como a irrigação, o controlo de ervas daninhas, o controlo de pragas e doenças e a fertilização, que são necessários para obter melhores taxas de crescimento e o seu impacto no rendimento das culturas.

2.5.1 A planta energética renovável: Jatropha curcas e energia sustentável.

A sustentabilidade diz respeito ao impacto que as acções realizadas no presente têm nas opções disponíveis no futuro (Ehwarieme e Cocodia, 2011). Se os recursos forem consumidos no presente, deixarão de estar disponíveis no futuro, ou seja, as matérias-primas, que são finitas na sua quantidade, deixarão de estar disponíveis para o futuro depois de terem sido utilizadas. A sustentabilidade ecológica significa, portanto, que a sociedade não deve consumir mais de um recurso do que aquele que pode ser regenerado. Amoah (2009) sublinhou a utilização da jatropha para a recuperação ambiental, observando que a plantação de jatropha restaura rapidamente os ecossistemas e a biodiversidade quando utilizada para a florestação e tem um impacto positivo nos padrões de precipitação e na prevenção da erosão do solo. O desenvolvimento de um dossel de tamanho médio pelas árvores reduz a evaporação da humidade do solo e impede que o solo seque completamente, preservando assim os nutrientes no solo. Atualmente, o abastecimento mundial de energia baseia-se principalmente em combustíveis fósseis, que causam numerosos problemas ambientais, mas são potencialmente renováveis. O biocombustível de Jatropha pode agora servir como uma fonte de energia alternativa em grande escala para fechar o ciclo do carbono e não contribuir para o efeito de estufa (Mkoma *et al.,*2011). No entanto, o termo cultura energética é utilizado principalmente para plantas cultivadas essencialmente como matéria-prima para biocombustíveis, como o etanol, ou para combustão para produção de calor ou eletricidade. O desenvolvimento sustentável da bioenergia a partir do pinhão-manso poderia reduzir as emissões líquidas de gases com efeito de estufa, melhorar a qualidade do ar e reduzir a deposição ácida, reduzir os aterros, reduzir o escoamento de produtos químicos agrícolas e melhorar o habitat da vida selvagem nativa (Olaoye, 2009). O desenvolvimento de combustíveis alternativos a partir de recursos energéticos disponíveis localmente deve, por conseguinte, ser vigorosamente prosseguido devido ao seu impacto na sustentabilidade ambiental. Mkoma *et al* (2011) confirmaram que a utilização de Jatropha curcas (Linnaeus), uma planta não comestível, parece ser uma alternativa promissora para fontes de energia renováveis locais para as populações das regiões tropicais e subtropicais.

2.5.2 Desafios ambientais e degradação ambiental na Nigéria

A poluição das massas de água, a destruição da aquicultura, da vegetação e das terras agrícolas na sequência da exploração petrolífera conduziram a uma degradação ambiental progressiva sem um controlo eficaz dos problemas ambientais por parte do governo e das companhias petrolíferas, o que se revelou improdutivo. Surgiram vários problemas ambientais na região do Delta do Níger e na Nigéria em geral, tais como a poluição da água e do ar, a degradação dos solos e a desflorestação, que têm efeitos multidimensionais e multiplicadores na população (Uyigue e Agho, 2007).

Para além da degradação ambiental causada pela extração de petróleo bruto e pela queima de combustíveis fósseis no país, o ambiente tem sido repetidamente afetado pela erosão no sudoeste, desertificação e seca no norte (Ehwarieme *et al.*, 2011) e inundações no sudoeste, centro-norte e outras partes do país, especialmente em 2011 e 2012.

De acordo com Nwosu (2013), milhões de pessoas na Nigéria interagiram com o ambiente, conduzindo à urbanização, à desflorestação, à sobrepopulação e a todos os tipos de poluição, com os consequentes efeitos no ambiente e nas pessoas. No entanto, Owolabi (2012) observou que o ambiente se tornou uma questão importante, complexa e multidimensional na agenda pública dos Estados e das organizações internacionais e já não é visto como um problema ecológico restrito entre o homem e o seu ambiente.

2.5.3 Impacto da Jatropha Curcas na sustentabilidade ambiental na Nigéria

Aransiola *et al* (2012) referem que o abastecimento energético mundial é altamente dependente do petróleo bruto não renovável derivado de combustíveis fósseis, do qual se estima que 90% é consumido para a produção e transporte de energia, o que tem conduzido a uma crise de esgotamento dos combustíveis fósseis e degradação ambiental. Estes factos têm alimentado a procura de alternativas renováveis e sustentáveis aos combustíveis fósseis, nomeadamente o biodiesel da planta jatropha. As suas propriedades não inflamáveis, biodegradabilidade, não toxicidade e não explosividade tornam-no mais amigo do ambiente em comparação com o gasóleo de petróleo (Demirbas, 2005).

Devido à sua atividade de queda das folhas, a planta de Jatropha é altamente adaptável a condições ambientais adversas, uma vez que a decomposição das folhas caídas fornece nutrientes à planta e reduz a perda de água durante a estação seca. Por conseguinte, está bem adaptada a diferentes tipos de solo, incluindo solos pobres em nutrientes, como os solos arenosos, salinos e pedregosos (Juan, Kartika e Hin, 2011). O cultivo de pinhão-manso em terras em pousio ajudaria o solo a recuperar os seus nutrientes e poderia contribuir para a restauração e o sequestro de carbono (Jain e Sharma, 2010). Além disso, o biocombustível de pinhão-manso é visto como uma solução para questões como o desenvolvimento sustentável, a segurança energética e a redução das emissões de gases com efeito de estufa, mas também é útil para prevenir e controlar a erosão do solo e como vedação viva. (Parawira, 2010).

No entanto, o impacto da *Jatropha curcas na* sustentabilidade ambiental na Nigéria é ainda limitado, uma vez que a investigação sobre a Jatropha é limitada e a investigação sobre o óleo de palmiste, a soja, a mandioca e a cana-de-açúcar tem sido efectuada na Nigéria (Alamu *et al.*, 2007).

2.5.4 O papel da jatropha na mitigação da degradação ambiental

A jatropha é uma planta resistente à seca e tóxica que atraiu a atenção como cultura energética, com impacto no balanço dos gases com efeito de estufa, ou seja, na redução das emissões de CO_2. De acordo com um relatório do RIVM (2008), os pequenos agricultores utilizam a planta de pinhão-manso como cobertura para melhorar o ambiente rural, uma vez que é eficaz contra a erosão. A longo prazo, isto também pode ter um efeito positivo do ponto de vista social, uma vez que a estrutura do solo da terra pode ser melhorada por uma rede de sebes de pinhão manso. Isto irá contrariar uma maior destruição de amenidades, uma vez que as zonas rurais têm sido visivelmente afectadas pelo esgotamento de nutrientes durante décadas. O pinhão manso parece ter mais impactos sociais positivos do que negativos, embora o rendimento dos pequenos agricultores seja marginal em comparação com o salário mínimo, mesmo quando este é ajustado à parte rural do PIB. No entanto, de acordo com Francis *et al.* (2005) e Achten *et al.* (2008), o cultivo de Jatropha curcas promete simultaneamente combater a desertificação, produzir biodiesel e promover o desenvolvimento socioeconómico das zonas rurais. Também para fazer face aos problemas do esgotamento gradual das reservas mundiais de petróleo, da subida acentuada dos preços e do impacto das emissões de gases de escape na poluição, que provam que existe uma necessidade urgente de combustíveis alternativos adequados para utilização em motores a gasóleo (Mondal *et al.*, 2011). A planta Jatropha pode produzir cerca de 1000 barris de petróleo por ano por quilómetro quadrado num solo degradado com pouca ou nenhuma poluição de carbono, proporcionando um benefício imediato e sustentável em termos de gases com efeito de estufa (Belewu *et al.*, 2010). As várias outras utilizações da planta, como o sabão, os fertilizantes orgânicos e os pesticidas, fazem da planta um dos principais candidatos, uma vez que não existe concorrência entre a planta e os seres humanos.

2.9.1 O biocombustível de jatropha como fonte de energia renovável nos países em desenvolvimento e as emissões de gases com efeito de estufa

Nos países em desenvolvimento, a produção de energia a partir de biocombustíveis é uma melhor alternativa aos combustíveis fósseis e aos sistemas de energia solar, e o biocombustível jatropha tem a vantagem de substituir os motores a gasóleo e de neutralizar as emissões de carbono provenientes da combustão de hidrocarbonetos (Mkoma e Mabiki, 2011). De acordo com Hagman *et al.* (2011), o mundo enfrenta um grande desafio para evitar danos ambientais devido à utilização de combustíveis fósseis e ao aquecimento global com o aumento evidente das concentrações de gases com efeito de estufa na atmosfera. Uma das principais justificações para a mudança para o biocombustível de pinhão-manso como fonte de energia alternativa são os benefícios climáticos esperados com a substituição de combustíveis fósseis, cuja combustão conduz a elevadas emissões líquidas de CO_2, por combustíveis que libertam gases sequestrados pelo cultivo e são, por isso, considerados neutros em termos de gases com efeito de estufa (Macedo *et al.*, 2007).

As emissões de gases com efeito de estufa resultantes da combustão de combustíveis fósseis são a principal causa das alterações climáticas. A maioria dos biocombustíveis, por outro lado, tem uma emissão líquida muito menor de gases com efeito de estufa quando utilizados para a produção de energia (Pisces, 2009). A planta de jatropha para biocombustíveis absorve carbono durante o seu crescimento e liberta apenas a quantidade de carbono que absorveu após a colheita, atenuando assim o impacto no clima (Raswant *et al.*, 2008). O biocombustível não tem de ter zero emissões de gases com efeito de estufa para ser benéfico, mas deve ter emissões globais inferiores às da alternativa (Oxfam, 2008)

2.9.2 Efeito do reexame

A utilização da *planta de jatropha* na Nigéria encerra um grande potencial para um ambiente sustentável. Este facto foi comprovado pelas várias utilizações da planta. O nível de sensibilização e de conhecimento dos agricultores sobre o cultivo da planta mostra que *a Jatropha* só é utilizada de forma limitada para a proteção do ambiente. No entanto, o cultivo da Jatropha nos países desenvolvidos do mundo mostrou que a planta pode ser utilizada para combater a degradação ambiental e melhorar o rendimento e o bem-estar das pessoas, o que ainda não é o caso na Nigéria. Além disso, o conhecimento do cultivo da Jatropha como uma potencial cultura de energia renovável para um ambiente sustentável tem tido pouco sucesso entre os agricultores, para além da sua utilização geral para vedação de quintas, medicamentos e fins domésticos. Culturas como o milho, a mandioca, a cana-de-açúcar, a colza e a soja demonstraram um elevado potencial para a produção de biodiesel, o que ajuda a combater as alterações climáticas, mas não são tão úteis como a *jatrofa,* que ainda não foi utilizada para a remoção de gases com efeito de estufa, que são a principal causa da degradação ambiental.

2.9.3 Quadro teórico

As teorias ajudam a explicar, compreender e prever fenómenos; por conseguinte, foram identificadas certas teorias como relevantes para a compreensão deste estudo.

- Teoria da sustentabilidade ;
- Modelo para decisões de inovação;
- Teoria da autodeterminação.

2.9.4 Teoria da sustentabilidade

O desenvolvimento sustentável tem sido definido principalmente no contexto do modelo de três pilares, ou seja, como uma contribuição para o desenvolvimento económico e social, bem como para a proteção do ambiente (Sathaye *et al.*, 2009). A sustentabilidade é o processo que descreve um desenvolvimento de todos os aspectos da vida humana que afectam os meios de subsistência. O desenvolvimento ecológico difere geralmente do desenvolvimento sustentável na medida em que o desenvolvimento ecológico dá prioridade ao que os seus proponentes consideram ser a sustentabilidade ambiental em detrimento de considerações económicas e culturais (Vancock, 2007).

2.9.5 Modelo para decisões de inovação

O modelo de decisão de inovação apresentado por Rogers (2003) compreende cinco fases: Conhecimento, Persuasão, Decisão, Implementação e Confirmação. Estas fases representam o caminho de decisões e acções que uma pessoa ou outra entidade decisora percorre ao longo do tempo. No caso das tecnologias de energias renováveis, a fase de conhecimento é típica de uma adoção que requer um elevado nível de envolvimento e aprendizagem do consumidor (Gatignon e Robertson, 1998). O conhecimento da tecnologia disponível e o conhecimento básico da razão pela qual uma tecnologia funciona são fornecidos sob a forma de informação técnica proveniente de fontes centralizadas. O conhecimento tende a provir da comunicação interpessoal com os utilizadores a partir de uma fonte centralizada. Na fase de persuasão, estes canais de comunicação interpessoal têm uma grande influência na formação de uma atitude favorável ou desfavorável em relação à inovação. As características percebidas da inovação também podem influenciar a atitude em relação à adoção deste item. A fase de decisão que leva à adoção, adiamento ou rejeição da tecnologia de energias renováveis em questão pode ser uma decisão tomada por várias pessoas dentro do agregado familiar. A fase de implementação destas tecnologias é um processo moroso que exige um grande esforço por parte dos adoptantes. É provável que a confirmação para a adoção venha através de canais interpessoais, embora no caso destas tecnologias, a confirmação consistente da importância da poupança de energia também sirva como confirmação. Além disso, as tecnologias renováveis podem ser classificadas como inovações preventivas (Rogers 2003), por exemplo, para evitar danos ambientais. Uma taxa de adoção lenta é típica das inovações preventivas (Baker, 2011). A redução das emissões de dióxido de carbono ou CO_2 pode não ser vista como um benefício significativo por alguns potenciais adoptantes. O benefício esperado do fornecimento de energia gratuito ou a baixo custo é atrativo, mas deve ser ponderado em relação à desvantagem significativa dos elevados custos iniciais do equipamento. A relação entre as atitudes e o comportamento ambientalmente sustentável revelou-se extremamente complexa e difícil de enquadrar. Stern (2000) apresenta um quadro concebido para aumentar a coerência teórica, no qual divide as variáveis causais do comportamento ambientalmente relevante em quatro tipos. Estas variáveis causais são as atitudes, as capacidades pessoais, os factores contextuais e os hábitos e rotinas.

2.9.6 Teoria da autodeterminação

A teoria da autodeterminação é uma teoria geral da motivação humana baseada no pressuposto de que os seres humanos são organismos activos com tendências inatas para o crescimento e desenvolvimento psicológico, que se esforçam por superar desafios contínuos e integrar as suas experiências num sentido coerente do eu. A teoria centra-se na medida em que os comportamentos humanos são volitivos ou autodeterminados - ou seja, na medida em que as pessoas são capazes de pensar e realizar as suas acções com um pleno sentido de escolha (Ryan e Deci, 2000). As pessoas autodeterminadas, por exemplo, escolhem comportamentos que reflectem a sua autonomia. A relevância destas teorias para o estudo decorre do facto de a informação desempenhar um papel central nas atitudes e conhecimentos que servem de motivação para a ação humana no que diz respeito à utilização eficiente da planta de jatropha para melhorar um ambiente sustentável.

CAPÍTULO 3 METODOLOGIA

O estudo foi realizado no estado de Oyo, no sudoeste da Nigéria. O estado é constituído por 33 áreas governamentais locais. Tem uma população de 5.591.589 habitantes, dos quais 2.809.840 são homens e 2.781.749 são mulheres (NPC, 2006). Abrange uma área de aproximadamente 32.241,8 quilómetros quadrados. Faz fronteira a norte com o Estado de Kwara, a leste com o Estado de Osun, a sul com o Estado de Ogun e a oeste com o Estado de Ogun e a República do Benim. O Estado de Oyo é um Estado homogéneo, habitado principalmente pela etnia Yoruba. O Estado é composto por trinta e três (33) áreas governamentais locais. O Estado de Oyo tem uma área de 28 454 quilómetros quadrados, o que o torna o 14º maior Estado do país. A paisagem é constituída por rochas antigas e duras e colinas em forma de cúpula que se elevam suavemente a partir de cerca de 500 metros na parte sul e atingem uma altitude de cerca de 1 219 metros acima do nível do mar na parte norte. Alguns dos principais rios, como o Ogun, o Oba, o Oyan, o Otin, o Ofiki, o Sasa, o Oni, o Erinle e o Osun, têm a sua nascente neste planalto. Há uma série de atracções naturais no Estado de Oyo, incluindo o antigo Parque Nacional de Oyo. O clima é equatorial, com estações secas e chuvosas e uma humidade relativamente elevada. A estação seca vai de novembro a março, enquanto a estação das chuvas começa em abril e termina em outubro. ^{0000}A temperatura média diária situa-se entre os 25°C (77,0 F) e os 35°C (95,0 F), durante quase todo o ano. O Estado de Oyo é utilizado principalmente para a agricultura. O clima do Estado favorece o cultivo de culturas como o milho, o inhame, a mandioca, o painço, o arroz, a banana-da-terra, o cacaueiro, a palmeira e o cajueiro.

3.1.0 Conceção do estudo e métodos de recolha de dados

A população-alvo deste estudo são os agricultores de Jatropha formados no Estado de Oyo. Trata-se de agricultores que receberam formação e foram familiarizados com a planta Jatropha pelas autoridades competentes, para fazer face aos desafios que o ambiente enfrenta e para reconhecer a utilidade da planta na mitigação desses desafios.

Os dados primários utilizados neste estudo foram recolhidos junto de 120 produtores de Jatropha seleccionados aleatoriamente entre 217 produtores de Jatropha formados em duas (2) áreas governamentais locais, Ido e Akinyele. Foi utilizado um questionário estruturado para recolher os dados. Os dados recolhidos foram descritos utilizando frequências, médias e percentagens. A correlação produto-momento de Pearson foi utilizada para testar a relação entre a variável dependente e as variáveis independentes do estudo.

CAPÍTULO 4 RESULTADOS E DISCUSSÃO

4.1.0 Características pessoais dos entrevistados

A Tabela 1 mostra que a maioria dos inquiridos (65,0%) é de meia-idade. Isto significa que os agricultores da área de estudo que se dedicam ao cultivo de pinhão-manso estão predominantemente em idade ativa. Este resultado está de acordo com Oboh e Sani (2009), segundo os quais a população que se dedica à agricultura na Nigéria tem uma idade média de 47 anos. O resultado mostra que 66,7% dos inquiridos eram agricultores do sexo masculino. Isto significa que há mais agricultores do sexo masculino na zona de estudo. Este facto está de acordo com a afirmação de Iwala (2007) de que a maioria dos agricultores que se dedicam à produção agrícola na Nigéria são predominantemente do sexo masculino. O resultado também mostra que a maioria dos inquiridos (91,7%) tinha educação formal. Isto implica que o elevado nível de educação na área de estudo poderia influenciar a utilização da *Jatropha curcas* (64,1%) e tem um tamanho médio de agregado familiar de 4 a 6 pessoas, o que, por sua vez, implica que os membros do agregado familiar contribuem muito para o trabalho agrícola, o que poderia ter um impacto positivo na utilização da *Jatropha curcas* para a proteção ambiental. Esta conclusão é corroborada por Toluwase e Apata (2011), segundo os quais a maioria das famílias de agricultores na Nigéria tem entre 1-5 membros do agregado familiar ativamente envolvidos na produção agrícola.

Quadro 1: Distribuição dos inquiridos de acordo com as suas características socioeconómicas (N = 120)

Variable	Frequency	Percentage (%)
Age		
Less than 30	9	7.5
31-40	39	32.5
41-50	39	32.5
51-60	22	18.3
More than 60	11	9.2
Sex		
male	80	66.7
female	40	33.3
Education		
Formal education	110	91.7
No formal education	8	6.7
Adult education	2	1.7
Household size		
1-3	17	14.1
4-6	77	64.1
7-9	22	18.3
10-12	4	3.3

Source: Field survey, 2013

4.2.0 Sensibilização dos inquiridos para o cultivo de jatropha com vista a minimizar o impacto Ambiental

Os resultados do Quadro 2 mostram que metade dos inquiridos (50%) tomou conhecimento do cultivo de *Jatropha curcas* através de programas de informação na rádio, na televisão e no jornal para reduzir a carga sobre o ambiente. Isto significa que os inquiridos na área de estudo tinham acesso aos programas de publicidade. O resultado também mostra que a maioria dos inquiridos (86,7%) tinha assistido a um seminário organizado por uma organização não governamental sobre a utilização da Jatropha *curcas para a* conservação do ambiente. Isto indica que os inquiridos na área de estudo são agricultores progressistas que adoptaram cedo a inovação desta cultura de energia renovável para a utilizar na proteção do ambiente. O resultado também mostra que 99,2% dos inquiridos na área de estudo receberam um programa de sensibilização sobre o cultivo de *Jatropha curcas* para uso na mitigação ambiental. Isto significa que a maioria dos inquiridos na área de estudo teve acesso a informação sobre o cultivo de Jatropha *curcas para mitigação ambiental.* Este resultado está de acordo com a afirmação da Organização para a Alimentação e a Agricultura (2013) de que o interesse renovado dos agricultores na Jatropha *curcas trouxe um* elevado nível de sensibilização para os benefícios da cultura para a proteção ambiental. Estes resultados implicam que a sensibilização dos agricultores para o cultivo da Jatropha *curcas* tem uma influência positiva no seu comportamento em relação à utilização da planta para a proteção ambiental.

Quadro 2: Distribuição dos inquiridos com base no seu conhecimento sobre o cultivo de _Jatropha curcas_ para minimizar o impacto ambiental (N = 120)

Awareness	Yes Frequency	Percentage (%)	No Frequency	Percentage (%)
Advocacy programme on radio, television, and newspaper was the source of awareness motivated me to cultivate _Jatropha curcas_ for environmental mitigation	60	50	60	50
There was participation in a seminar organized by a non-governmental organization for awareness among farmers in Oyo State for _Jatropha curcas_ utilisation for environment mitiggation	104	86.7	17	13.3
Jatropha cultivation was encouraged among farmers in Oyo State for soil erosion, wind erosion, desertification, deforestation, and for fertilization of infertile soils as means of mitigating the degraded environment	52	43.3	68	56.7
Awareness programmes wereavailable to farmers in Oyo State	119	99.2	1	0.8

Source: Field survey, 2013

4.3.0 Atitudes dos agricultores em relação ao cultivo de _Jatropha curcas_

Os resultados do Quadro 3 mostram as pontuações médias da atitude dos agricultores em relação ao cultivo da _Jatropha curcas para_ proteção ambiental. Os agricultores acreditam que a Jatropha é uma potencial cultura de energia renovável para a proteção do ambiente (média = 4,86), que *a Jatropha curcas* é tolerante à seca, o que a torna útil para controlar

a erosão do solo (média = 4,55), que o cultivo da Jatropha é útil para controlar a erosão

eólica e a desertificação, uma vez que cresce em todos os tipos de solo (média = 4,47).

Os resultados mostram que a maioria dos inquiridos tem uma atitude favorável em relação

à utilização da *Jatropha curcas* para a proteção ambiental. Este facto é consistente com a

afirmação de Van de Ban e Hawkin (1996) de que as atitudes dos agricultores tendem a

corresponder ao seu comportamento e que, na maioria dos casos, as atitudes influenciam

uma vasta gama de comportamentos.

Quadro 3 Distribuição percentual das atitudes dos inquiridos em relação à cultura da jatropha para um ambiente sustentável (N = 120)

Attitude Statements	SA		A		U		D		SD		Mean
	F	%	F	%	F	%	F	%	F	%	
The seminar organized by the non-governmental organization to sensitize farmers in Oyo State on Jatropha cultivation did not motivate me to plant the crop.	44	36.7	55	458	1	0.8	5	4.2	15	12.5	2.10
Jatropha cultivation was possible for me due to proper follow-up on the crop treatment by the non-governmental organization that trained the farmers in the state.	59	49.2	58	48.2	2	1.7	1	0.8	-	-	4.47
I believe cultivating Jatropha could be germane potential for socio-economic wellbeing and environmental benefit.	72	60	45	37.5	1	08	-	-	2	1.7	4.54

Statement											Mean
Cultivation of hybrid species of Jatropha would satisfy me because its germination and growth is very fast and rapid.	78	65	40	33.3	2	1.7	-	-	2	1.7	4.54
The local species of Jatropha would not satisfy me because its germination and growth is not very rapid.	61	50.8	8	6.7	14	11.7	8	6.7	29	24.4	2.47
Environmental mitigation could be possible through Jatropha cultivation due to its advantage for an invasive growth on all soil types.	80	66.7	35	29.2	2	1.7	-	-	3	2.5	4.58
Jatropha cultivation has no benefit for environmental sustainability since it is mainly cultivated for biofuel production.	1	0.8	5	4.2	-	-	34	28.3	78	65	4.48
I don't believe that growing more acreage of Jatropha is the best way of expanding its potential for sustainable environment.	11	9.2	18	15.0	7	5.8	20	16.7	64	53.8	3.57
Jatropha cultivation for sustainable environment could be facilitated through relevant and right information on the corp.	88	73.3	26	21.7	3	25	2	1.7	1	0.8	4.65
I believe Jatropha is a potential renewable energy crop useful in mitigating environmental degradation.	92	76.7	25	20.8	2	1.7	1	0.8	-	-	4.86
Jatropha is not a good plant let alone making it a source of livelihood.	2	1.7	1	0.8	3	2.5	21	17.5	93	77.5	4.68
Jatropha could be a wonder crop if we consider seasonal features that it	85	70.8	29	24.2	2	1.7	3	2.5	1	0.8	4.62

exhibits.

Statement											
Jatropha could be useful in controlling the soil erosion because it has a drought tolerant nature.	77	64.2	38	31.7	1	0.8	2	1.7	2	1.7	4.55
Jatropha is not adaptable for tree planting culture among farmers because it cannot replace trees used up as fossils.	10	8.3	5	4.2	6	5.0	34	28.3	65	54.2	4.16
The seeds from Jatropha could serve as a good replacement for inorganic fertilizer to replenish infertile soils due to its organic nature.	52	43.3	32	26.7	11	9.2	3	2.5	22	18.3	3.74
Jatropha cultivation could be used in controlling wind erosion and desertification because it grows on all soil types.	79	65.8	30	25.0	3	2.5	4	3.3	4	3.3	4.47
Jatropha cultivation does not have potential in controlling flood hazard eventhough it grows on all soil types.	6	5.0	3	2.5	1	0.8	35	29.2	75	62.5	4.42
I believe that the cultivation of Jatropha could be useful in purifying the environment through the use of extracted oil from its seeds which help reduce green house gasses from the atmosphere.	88	73.3	24	20.0	2	1.7	5	4.2	1	0.8	4.61
Jatropha could have toxins which makes it an inedible crop and can only be used fopr biofuel production as an alternative resource for fossil fuel.	90	75	19	15.8	3	2.5	1	0.8	7	5.8	3.53

Statement										
The competitiveness of arable crops for soil nutrients would not encourage Jatropha cultivation on intercropping method.	12	10.0	21	17.5	6	5.0	2	18.3	59	49.2	3.79
Jatropha could be intercropped with shallow rooted arable crops like beans, maize, pepper, egusi melon without any side effects.	89	74.2	26	21.7	3	2.5	1	0.8	1	0.8	4.68
Jatropha crop could only be planted monocropping system because insect pests and diseases can invade the arable crops.	19	15.8	19	15.8	2	1.7	5	4.2	75	62.5	2.18

Source: Field survey, 2013

O resultado da Tabela 3.1 mostra que 62,5% dos inquiridos têm uma atitude favorável em relação ao cultivo da jatropha para um ambiente sustentável, enquanto 37,5% dos inquiridos têm uma atitude desfavorável em relação ao cultivo da cultura para um ambiente sustentável. Isto significa que a maioria dos agricultores está consciente dos potenciais benefícios da jatrofa para a proteção do ambiente, o que indica um elevado nível de conhecimento e uma atitude correcta em relação à utilização da jatrofa para a proteção do ambiente.

Quadro 3.1 Categoria de atitude dos inquiridos

Scores	Frequency	Percentage %	Minimum score	Maximum score	Mean score
Unfavourable(Below Mean)	45	37.5	70	106	93
Favourable (Mean and Above)	75	62.5			
Total	120	100			

Source: Field Survey, 2013

4.4.0 Utilização da *Jatropha curcas* pelos inquiridos para fins de proteção ambiental

A Tabela 4 mostra que a maioria dos inquiridos concordou que a Jatropha curcas é útil para o controlo de cheias (68,3%), que a Jatropha pode ser utilizada para controlar a erosão do solo (96,7%), que a Jatropha é importante para controlar a erosão eólica e a desertificação (94,2%) e que a planta da Jatropha remove o óxido de carbono (IV) da atmosfera (99,2%). O resultado mostra que existe uma relação entre a cultura da jatropha e a proteção do ambiente. O resultado também mostra que a maioria dos inquiridos (67,5%) não pensa que a jatrofa faz crescer os solos inférteis, mas não contribui para melhorar a fertilidade do solo. Este resultado está de acordo com o de Chachage (2003), segundo o qual a jatropha ajuda a combater a erosão eólica e dos solos, as inundações e a desertificação, serve de fertilizante orgânico para solos inférteis, remove o óxido de carbono (IV) da atmosfera e ajuda a resolver os problemas de desflorestação nos países em desenvolvimento.

Quadro 4: Distribuição dos inquiridos de acordo com a sua utilização da jatropha para a proteção do ambiente (N= 120)

Jatropha curcas forenvironmental mitigation	Agree Frequency	Percentage	Disagree Frequency	Percentage
Jatropha curcas removes carbon (IV) oxide from the atmosphere.	119	99.2	1	0.8
Jatropha helps in control of flood.	82	68.3	38	31.7
Jatropha curcas is useful for soil erosion control.	116	96.7	4	3.3
Jatropha curcas grows on infertile soils but does not help improve soil fertility.	39	32.5	81	67.5
Jatropha curcas is germane for control of wind erosion and desertification.	113	94.2	7	5.8

Source: Field survey, 2013

4.5.0 Testar as hipóteses

4.5.1 H01: Não existe uma correlação significativa entre os conhecimentos dos inquiridos sobre a *Jatropha curcas* e o seu comportamento em relação à utilização da Jatropha para a proteção do ambiente.

A análise do Quadro 5 mostra que existe uma relação significativa entre os conhecimentos dos agricultores sobre a *Jatropha curcas* e o seu comportamento em relação à utilização da planta para proteção ambiental (r = 0,399*, p < 0,05). O resultado implica que os conhecimentos dos agricultores sobre a Jatropha influenciam positivamente o seu comportamento em relação à utilização da *Jatropha curcas para a proteção ambiental.*

Quadro 5: Análise PPMC da sensibilização dos inquiridos para a utilização da jatropha na proteção do ambiente

Variable	r - value	p - value	Decision
Awareness and utilization of *Jatropha curcas* for environmental mitigation	0.399	0.000	Significant

r = correlation coefficient, p = probability level of significance, p ≤ 0.05

Source: Data analysis, 2013

4.5.2 H02: Não existe uma relação significativa entre a atitude dos inquiridos em relação ao cultivo de Jatropha e o comportamento em relação à utilização da cultura para proteção ambiental. O Quadro 6 mostra que a atitude dos inquiridos em relação ao cultivo de Jatropha está significativamente relacionada com o comportamento dos inquiridos em relação à utilização da cultura para proteção ambiental (r = - 0,182, p < 0,05). Isto explica por que razão as atitudes dos inquiridos estão significativamente relacionadas com o comportamento dos agricultores relativamente à utilização da *Jatropha curcas para a* proteção ambiental.

Quadro 6: Análise PPMC das atitudes dos inquiridos em relação à utilização da *Jatropha curcas* para a proteção do ambiente

Variable	r - value	p - value	Decision
Respondents' attitude and utilization of *Jatropha curcas* for environmental mitigation	-0.182*	0.045	Significant

r = correlation coefficient, p = probability level of significance, p ≤ 0.05

Source: Data analysis, 2013

CAPÍTULO 5 CONCLUSÃO E RECOMENDAÇÃO

5.1.1 Conclusão

O estudo constatou que a maioria dos inquiridos era de meia-idade e em idade ativa de trabalho, tendo a maioria educação formal e sendo a maioria dos inquiridos na área de estudo do sexo masculino. A maioria dos inquiridos na área de estudo era muito ativa na segurança dos meios de subsistência, o que era relevante para a utilização da *Jatropha curcas* para a conservação ambiental. Os agricultores tinham acesso a programas de educação, sensibilização e informação sobre o cultivo de Jatropha *curcas,* o que influenciou o seu comportamento relativamente à utilização de *Jatropha curcas para a conservação ambiental.* A atitude dos agricultores em relação ao cultivo *da Jatropha curcas* foi favorável para reforçar o seu comportamento em relação à utilização da cultura para mitigar a poluição ambiental. O estudo revelou uma relação significativa entre a consciencialização, a atitude e o comportamento dos agricultores relativamente à utilização da cultura para atenuar a poluição ambiental. O comportamento dos agricultores em relação à utilização da *Jatropha curcas para reduzir a poluição ambiental* foi, portanto, correto e positivo.

5.1.2 Recomendação

O estudo revelou que os agricultores tinham acesso a programas de sensibilização, especialmente através de uma organização não governamental, mas pouca ou nenhuma informação e sensibilização por parte das autoridades governamentais. Por conseguinte, o governo deve defender a utilização da *Jatropha curcas* entre os agricultores e assegurar canais de comunicação abertos e contínuos para motivar os agricultores a adoptarem um comportamento correto e bom em relação à utilização da *Jatropha curcas* como medida para atenuar os efeitos dos gases com efeito de estufa e outros riscos ambientais. Além disso, o governo deve encarregar o Ministério do Ambiente, os organismos competentes e os institutos de investigação de assegurar a produção maciça da cultura no país. Devido à atitude favorável dos inquiridos em relação à utilização da *Jatropha, é* necessário que o governo motive e apoie os agricultores interessados através da concessão de empréstimos para o cultivo comercial da cultura/biocombustível, a fim de reduzir a degradação ambiental.

REFERÊNCIAS

Achten, W. (2010). Avaliação da sustentabilidade do biodiesel de *Jatropha curcas* L.: A Life

Estudo orientado para o ciclo, consultado em 12 de março de 2013 em perswww.kuleuven.be/-u0053809/PhD/W...

Achten, W.M.J., Verchot, L., Franken,Y.J., Mathijs,E., Singh,V.P., Aerts,R. e Muys.B. (2008). Produção e Utilização de Biodiesel de Jatropha. Jornal de Biomassa e Bioenergia. Vol.32 (12),pp1063- 1084. Obtido em 13 de julho de 2013 de www.biw.kuleuven.be/lbh/lbnl/foreco...

Adebowale, K.O. e Adedire, C.O. (2006). Composição química e propriedades insecticidas do óleo de sementes de Jatropha curcas subutilizado. Revista Arica de Biotecnologia. Vol.5 (10),pp901-906. Obtido em 13 de julho de 2013 em http://www.academic.joumals.org/AJB.

Alamu, O.J., Waheed, M.A., e Jekanyinfa, S.O. (2007). Produção de biodiesel a partir de óleo de palmiste nigeriano: efeito da concentração de KOH no rendimento, Energy for Sustainable Development. Revista Internacional de Investigação em Energias Renováveis. Vol.11 (3),pp77-82. Obtido em 18 de julho de 2013 de www.ijrer.org

Amoah, O. (2009). Jatropha: Um catalisador para o crescimento económico em África. (Não é um documento oficial da UNCTAD), recuperado em 18 de julho de 2013 de www.unctad.org/sections/wcmu/docs/ditc...

Anyanwu, C.U. (2012). A indústria petrolífera e o ambiente na Nigéria: A extensão da degradação ambiental na Nigéria. Obtido em 18 de julho de 2013 de www.iaia.org/conferences/iaia12/upl...

Aransiola, E.F., Daramola, M.O., Ojumu, T.U., Aremu, M.O., Layokun, S.K., e Solomon, B.O. (2012). Sementes oleaginosas nigerianas de Jatropha curcas: Perspectivas para a produção de biodiesel na Nigéria. Revista Internacional de Investigação em Energias Renováveis. Vol.2 (2). Recuperado em 13 de julho de 2013 de www.ijrer.com/../pdf.

Anjum, A. (2012). Biomassa: Energia e preocupações ambientais nos países em desenvolvimento". Jornal de Pesquisa de Ciências Ambientais. Vol.1(1) 54-57. Recuperado em 19 de janeiro de 2013 de www.sep/zp/direct/biomass.html.

Anyaegbunam, H.N., Nto, P.O., Okoye, B.C. e Madu, T.U. (2012). Análise dos determinantes da produtividade da dimensão da exploração agrícola entre os pequenos agricultores de mandioca na Zona Agro-Ecológica do Sudeste, Nigéria. Revista Americana de Agricultura Experimental. Vol.2 (1),pp74-80. Obtido em 18 de julho de 2013 de www.sciencedomain.org/abstract.php%...

Baker, J.P. (2011). Domestic Adoption of Renewable Technologies: Innovativeness, Adoption Behaviour and Individual Needs (Adoção doméstica de tecnologias renováveis:

inovação, comportamento de adoção e necessidades individuais). Obtido em 10 de janeiro
de   2013
de
www2.druid.dk/conferences/viewpaper...

Banmeke, T.O.A. e Ajayi, M.T. (2008). A perceção dos agricultores sobre o centro de
recursos de informação agrícola em Ago Are, Estado de Oyo, Nigéria. Revista
Internacional de Economia Agrícola e Desenvolvimento Rural. Vol.1 (1). Obtido em 21
de julho de 2013 em www.lautechaee- edu.com/joumal/ijae...

Belewu, M.A., Sanusi, G.O., e Odugunwa, B.O. (2010). Alterações na composição
química do bolo de amêndoa de Jatropha curcas após fermentação em fase sólida com
alguns fungos seleccionados. G.J.B. AHS. Vol.2 (2),pp62-66. ISSN:2319-5584.
Recuperado em 21 de julho de 2013 de www.gifre.org/../CHANGES.pdf.

Biswas, S., Kaushik, N. e Srikanth, G. (2006). Land Use/ Land Cover Change and Impact
of Jatropha on Soil Fertility (Mudança na Utilização e Cobertura do Solo e Impacto da
Jatropha na Fertilidade do Solo). Documento apresentado na Conferência Rashtrapati.
Recuperado em 21 de julho de 2013 de www.bioenergyinafrica.net/uploads/m...

Brittaine, R. e Lutalaido, N. (2008). Jatropha: A smallholder bioenergy crop - The
potential for pro-poor development. Obtido em 21 de julho de 2013 em
www.fao.org/../i1219e.pdf.

Da Schio,B. (2010). Jatropha curcas L., uma potencial cultura de bioenergia. Investigação
de campo em Belize. Tese de Mestrado, Universidade de Pádua, Itália e Universidade e
Centro de Investigação de Wagenigen, Plant Research International, Países Baixos.
Recuperado em 21 de julho de 2013 de www.bioenergyinafrica.net/uploads/m...

Deeb, M. (2011). Projeto Naavono e ESI Síria Projeto de Bioenergia-GO-GREEN Planta
de Jatropha.

Estudo de viabilidade da Acrópole. Obtido em 22 de julho de 2013 em
wikileaks.org/Syria-files/attach/21.

Demirbas, A. (2005). Avanços e tendências actuais nos combustíveis biodiesel. Journal
of Energy Conversion and Management. Vol. 50 (1), pp. 14-34.

Ehwarieme, W. e Cocodia, J. (2011). Corrupção e degradação ambiental na Nigéria e no
seu Delta do Níger. Revista de Desenvolvimento Sustentável em África. Vol.13 (5).
Obtido em 23 de julho de 2013, de www.jsd-africa.com/jsda/vol13No5 Fa...

Ejigu, M. (2007). Cultivo e utilização de Jatropha curcas L. para a produção e utilização
de biocombustíveis líquidos em pequena escala na África Subsariana: perspectivas de
desenvolvimento sustentável.

Ezemonye, L.I.N. (2011). Um Workshop de 2 dias para as Partes Interessadas em
Jatropha realizado no Primeiro Apartamento Real, Estado de Edo pelo Centro Nacional
de Energia e Ambiente da Comissão da Nigéria, ECN, Universidade de Benin.
Recuperado em 23 de julho de 2013 de ncee.org.ng/centre- archives/workshop....

FAO (2013). Bioenergia e segurança alimentar - critérios e indicadores. Obtido em 23 de
julho de 2013 em www.fao.org/bioenergy/31527-076b7e5

Favretto, N., Stringer, L.C., e Dougill, A.J. (2013). Unpacking Livelihood Challenges and Opportunities in Energy Crop Cultivation : Perspewctive on Jatropha curcas Project in Mali. Sustainability Research Institute Paper No.45. Working Paper No.132. Obtido em 24 de julho de 2013 em www.see.leeds.ac.uk/../SRPs-45.pdf

Feng, S., Krueger, A.B. e Oppenheimer, M. (2010). Produção de Jatropha em terras de pousio na Índia. Recuperado em 24 de julho de 2013 de http://oar.icrisat.org/115/4/01Garg et al Bi

Foidl, G., Lopez, O., Foidl, N. (1996). Production of Biogas from Jatropha curcas in Jatropha Biodiesel Production and Use. Recuperado em 23 de julho   de 2013 de www.kuleuven.be/-u0053809/publi...

Francis, G., Harinder, P.S., Makkar, H., e Becker, K. (2000). Products from Little Researched Plants as Acquaculture Feed Ingredients. Recuperado em 24 de julho   de 2013 de www.fao.org/../551 en.html

Galadima, A., Garba, Z.N., Ibrahim, B.M., Al-Mustapha, M.N., Leke, L. e Adam, I.K. (2011). Biofuel Production in Nigeria: The Policy and Public Opinions [Produção de Biocombustíveis na Nigéria: Política e Opiniões Públicas]. Jsd journal of sustainable development. Vol.4 (4). Recuperado em 24 de julho de 2013 de www.ccsenet.org/../8221.

Garg, K.K., Karlberg, L., Wani, S.P. e Berndes, G. (2011). Avaliação da plantação de Jatropha em terrenos baldios na Índia. Obtido em 24 de julho de 2013, de www.gndri.net/publication gn.php%3f...

Gatignon, H. e Robertson, T.S. (1998). Sustainable Environmental Innovation: An Empirical Analysis of Close Friends in Supply Chain. Obtido em 18 de dezembro de 2012, de www.dee.uib.es/../196225 destafano.pdf

Geply, O. A., Baiyewu, R.A., Salaudeen, G.T., Adeleke, T.O., Adegoke, I.A. e Oladoja, B.V. (2011). Efeito do consórcio de Jatropha curcas no crescimento e rendimento de culturas arvenses (milho e legumes). Recuperado em 24 de julho de 2013 de www.ajol.info/../70572.

Gexsi (2008). Estudo de mercado global sobre a Jatropha curcas. Relatório final preparado para o World Wide Fund for Nature (WWF). Londres / Berlim : Global Exchange for Social Investment. Recuperado em 19 de julho de 2013 de www.scribd.com/doc/79683100/jatroph...

Gour, V.K. (2006). Centro de Promoção da Jatropha. Recuperado em 20 de julho de 2013 de www.jatrophaworld.org/dr v k gour 5...

Gudetal, M. (2000). O papel dos meios de comunicação social na alteração dos padrões de comportamento. Commucation. Recuperado em 18 de julho de 2013, de www.academia.edu/4509714/the challe...

Hagman, J. e Nerentorp, M. (2011). Avaliação do Ciclo de Vida do Óleo de Jatropha como Biocombustível para Transportes na Zona Rural de Moçambique: Uma Tese de Mestrado para a Divisão de Análise de Sistemas Ambientais. Recuperado em 20 de julho de 2013 de www.publications.lib.chalmers.se/record...

Hawkins, D. e Chen, Y. (2012). Planta com futuro - Jatropha Alliance. Recuperado em 21 de julho de 2013 de www.jatropha-alliance.org/fileadmin...

Heller, J. (1996). Frutos secos. Jatropha curcas L., pp1-66 em International Plant Genetic Instituto de Recursos Naturais (IPGRI). Obtido em 21 de julho   de   2013   em www.ars-grin.gov/../taxon.pl%3f20692

Henning, R.K., Jepsen, J.K. e Nyati, B. (2006). Um estudo morfológico e fisiológico de Jatropha curcas L. Obtido em 21 de julho de 2013 de www.idosi.org/../19.pdf

Henning, R.K. (2007). Identificação, seleção e multiplicação de Jatropha curcas L. de elevado rendimento. Obtido em 21 de julho de 2013 em www.ifad.org/../henning.pdf

Iwala, O.S. (2007). O papel das organizações de desenvolvimento na transformação rural e agrícola na Nigéria: O caso da EU-MPP6 no Estado de Ondo. Departamento de Engenharia e Tecnologia Agrícola, Rufus Giwa Polytechnic, Owo, Ondo state, Nigéria.

Jain, S. e Sharma, M.P. (2010). As Perspectivas para o Biodiesel de Jatropha na Índia. A Review of Renewable and Sustainable Energy Revolution. Vol.14, pp 763-771. Recuperado em 21 de julho de 2013 de www.jpsr.org/paperinfo.aspx%3FID%3D...

Jonsson, A.C., Ostwald, M., Asphund, T., e Wibeck, V. (2011). Barreiras e factores de adoção de culturas energéticas pelos agricultores suecos: um estudo empírico. Congresso Mundial de Energias Renováveis 2011. Obtido em 8 de setembro de 2012 em www.ep.liu.se/../ecp57vol.10 030.pdf

Juan, J.C., Kartika, D.A., Wu, T.Y. e Hin, T.Y.Y. (2011). Produção de Biodiesel a partir de Óleo de Jatropha por Abordagens Catalíticas e Não Catalíticas: Uma Visão Geral. Bioresource Technol. 2011, Vol.102   (2);pp452-460   .
            Retrieved July 12,   2013 from
www.ncbi.nlm.nih.gov/pubmed/21094045

Jubera, M.A. (2008). Morpho-physiological and Molecular Diversity in Jatropha curcas L. Tese apresentada à Universidade de Ciências Agrícolas, Dharwad, em cumprimento parcial do requisito para a obtenção do grau de Mestre em Ciências (Agricultura) em Fisiologia das Culturas. Recuperado em 21 de julho de 2013 de www.etd.uasd.edu/ft/th9739.pdf.

Karavina, C., Zivenge, E., Mandumbu, R. e Parwada, C. (2011). Jatropha curcas Production in Zimbabwe: Uses, Challenges, and the Way Forward. Jornal de Ciências Aplicadas. Vol.5 (2). Recuperado em 21 de julho de 2013 de www.ccsenet.org.

Kartha, S. (2006). Projeto de sementes oleaginosas de Jatropha no Nepal - Nepal/Reino Unido. Em Developing Sustainable Pro-Poor Biofuels in Mekong Region and Nepal. A Holistic Approach Looking at Smallholder

Vantagens de uma perspetiva económica, social e ambiental (2009). Recuperado em 21 de julho,

2013 de www.snvworld.org/en/Documents/Feasi...

Kaushik, N. e Kumar, S. (2013). Fungos endofíticos isolados da cultura de sementes oleaginosas Jatropha curcas produzem óleo e exibem atividade antifúngica. Recuperado em 21 de julho de 2013 de www.plosone.org/article/info%253Ado...

Komentar, T. (2010). Jarak: A mercantilização de uma cultura alternativa de biocombustível na Indonésia (Jatropha). Recuperado em 08 de agosto de 2013 de www.nwo.nl/../2300155715.html.

Kumar, A. e Sharma, S. (2008). An evaluation of multipurpose oilseed crop for industrial purposes (Jatropha curcas L.): A Review. Indcro-5087; pp. 1-10. Obtido em 23 de julho de 2013 em http://www.jatropha.pro/PDF%2520bestanden/.

Kumar, M. (2012). O ambiente e as pessoas. Obtido em 19 de janeiro de 2013, de www.du.ac.in/../SE 01.pdf

Kun, L., Fang-Yan, L., e Yong-Yu, S. (2012). Desenvolvimento da investigação e estado de utilização da Jatropha curcas na China. Instituto de Investigação de Recursos de Insectos, CAF, Estação do Ecossistema do Deserto de Kuming no Condado de Yuanmou, SFA China. Obtido em 24 de julho de 2013 em www.intechopen.com/download/pdf/35548.

Lele, S. (2010). Planta Jatropha curcas (Ratanjyot Vantrand): Fórum de Sensibilização sobre Biocombustíveis da Índia.
Obtido em 24 de julho de 2013, de www.svlele.com>Algas>Produtos à base de plantas>Adaptação ao clima

Macedo, I.C., Seabra, J.E.A., e Silva, J.E.A.R. (2007). Emissões de gases de efeito estufa provenientes da produção e uso de etanol de cana-de-açúcar no Brasil: valores médios para 2005/2006 e previsão para 2020. Journal of Biomass and Energy. Vol.32, pp 582-595. Recuperado em 24 de julho de 2013 de www.globalcarbonproject.org/ global/...

Madu, U.A., Umar, M.H., e Khalique, M. (2012). Padrão de utilização dos meios de comunicação dos agricultores em Adamawa, Nigéria. Revista Internacional de Investigação Académica em Ciências Empresariais e Sociais. Vol.2 (1). Recuperado em 24 de julho de 2013 de www.feb.unimas.my/../journals-2012.

Maingi, R.N. (2010). O papel potencial da Jatropha curcas L. na gestão ambiental e nos meios de subsistência sustentáveis em Kibwezi, Quénia. Uma tese para o grau de Mestre em

Estudos Ambientais (Desenvolvimento Comunitário) na Escola de Estudos Ambientais da Universidade Kenyatta, junho de 2010 Obtido em 24 de julho de   2013 de
www.ku.ac.ke/schools/graduate/image...

Makkar, H.P.S., Francis, G., e Becker, K. (2008). Concentrado proteico de Jatropha curcas Screwed-Pressed Seed Cake e factores tóxicos e antinutritivos no concentrado proteico. Jornal de Ciência da Alimentação e Agricultura. Vol.88 (9), pp1542-1548. Obtido em 24 de julho de 2013 em www.notulaebiologicae.ro/../7701.

Mandal, R. e Mitrha, P. (2004). Liquid biofuels for transport in India (Biocombustíveis líquidos para os transportes na Índia). Recuperado em 24 de julho de 2013 de www.energypedia.info/images/d/d7/Biofue...

Mistra, M., e Mistra, A.N. (2010). Limites de cultivo de Jatropha curcas, Jatropha; Um substituto alternativo para os combustíveis fósseis. Recuperado em 24 de julho de 2013 de http://edis.ifas.ufl.edu/hs1193.

Mkoma, S.L., e Mabiki, F.P. (2011). Avaliação teórica e prática da Jatropha como fonte de energia de biocombustível na Tanzânia. Obtido em 24 de julho de   2013 de www.intechopen.com/download/pdf/17883

Mondal, P., Tandon, A., Kumar, A., Vijay, P., Bhangale, U.D., e Tyagi, D. (2011). Tribological issues associated with the use of biofuels: a new environmental challenge (Questões tribológicas associadas à utilização de biocombustíveis: um novo desafio ambiental). British Journal of Environment and Climate Change. Vol.1 (2), PP28-43. Obtido em 23 de julho de 2013 em www.sciencedomain.org/download.php%.

Mshana, N.R., Abbiw, D.K., Addaeh-Mensah, E., Ahiyi, M.R.A. e Ekpera, J.A. (2008). Manual de propagação e cultivo da planta medicinal Jatropha. Recuperado em 24 de julho de 2013 de www.jatropha.org.za/knowledge%2520B...

Comissão Nacional da População (2006). '2006 Population Census: National Summary' (Censo Populacional de 2006: Resumo Nacional) (NPC) Abuja, p. 6

Nwosu, A. (2013). O papel da tecnologia da informação na resolução de problemas ambientais em Lagos. Revista de Meio Ambiente e Ciências da Terra. Vol.3 (7).

Nyamai, D.O. e Omuodo, L.O. (2007). Jatropha curcas: O potencial inexplorado na África Oriental e Central; Manual de Produção e Utilização. Trees On-farm Network Publisher, p. 49. Recuperado em 28 de julho de 2013 de www.books.google.com/books/about/Jatroph...

Oboh, V.U. e Sani, R.M. (2009). O papel da rádio na campanha contra a propagação do VIH/SIDA entre os agricultores de Makurdi, Nigéria. Jornal de Ciências Sociais. Vol.19 (3), pp179- 184.Retrieved July 28, 2013 from www.krepublishers.com/02-journals/j...

Ohman, J. (2011). Cultivo e gestão de Jatropha curcas L. por pequenos agricultores nos distritos quenianos de Baringo e Koibatek. Tese de licenciatura online. [th]Datada de 11 de abril de 2011, pp66. Recuperado em 28 de julho de 2013 de www.publications.theses.fi/bitstream/h...

Oladele, O.I. (1999). Extension Communication Methods for Reaching Small-Ruminant Farmers in South-Western Nigeria (Métodos de comunicação da extensão para chegar aos agricultores de pequenos ruminantes no sudoeste da Nigéria). [thstth]Livro de Actas da 26ª Conferência Anual da Sociedade Nigeriana de Produção Animal, 21 a 25 de março, nos Hotéis Kwara, Ilorin, pp 441-444. Obtido em 28 de julho de 2013 em www.oladeleoi.spontaneous.developmem...

Olaitan, F.O. (2010). Impacto percebido da meningite nas actividades de subsistência das famílias rurais em áreas governamentais locais seleccionadas do Estado de Kwara. Uma tese de mestrado não publicada apresentada ao Departamento de Extensão Agrícola e Desenvolvimento Rural, Universidade de Ibadan, Nigéria.

Olaoye, J.O. (2009). Uma análise do impacto ambiental das culturas energéticas na Nigéria em termos de sustentabilidade ambiental. Obtido em 9 de dezembro de   2012

de
iworx5.webxtra.net/-istroorg/downlo...

Olatokun, W.M. e Ayanbode, O.F. (2009). Utilização do conhecimento indígena pelas mulheres na comunidade rural da Nigéria. Obtido em 28 de julho de   2013 de
www.nopr.niscair.res.in/bitstream/12345...

Olushola, B. (2009). *Jatropha curcas*: o novo caminho para a política de biocombustíveis da Nigéria. [st]1 de julho de 2009. Recuperado em 02 de agosto de 2013 de www.businessdayonline.com/NG/index.

Oriakhi, D.H. e Okoedo-Okojie, D.U. (2013). Preferência dos agricultores por fontes de informação agrícola e adoção de tecnologia no Estado de Edo, Nigéria. IOSR Journal of Agriculture and Veterinary Science (IOSR-JAVS). Vol.3 (1), pp 31-35. Obtido em 02 de agosto de 2013 de www.iosrjoumals.org/ccount/click.p...

Ostwald, M., Axelsson, L., Franzen, M., Berndes, G., e Ravindranath, N.H. (2011).

Desempenho da produção de biodiesel de jatropha e seus impactos ambientais e socioeconómicos. Um estudo de caso do sul da Índia. Congresso Mundial de Energias Renováveis 2011 - Suécia. Obtido em 12 de março de 2013, de www.focali.se/filer/FRT%2520201006%...

Ouwens, K.D. e Vries, E. (2007). O futuro dos biocombustíveis? Um olhar sobre os potenciais benefícios da Jatropha. Recuperado em 02 de agosto de 2013 de www.renewableenergyworld.com/rea/ne...

Owolabi, E.F. (2012). Environmental Pollution and Degradation: A Threat to National Security and Peace in Nigeria (Poluição e degradação ambiental: uma ameaça à segurança nacional e à paz na Nigéria). Revista Sacha de Estudos Ambientais. Vol.2 (1), pp48-58. Recuperado em 02 de agosto de 2013 de www.sachajournals.com/documents/OWOLABI...

Oxfam Briefing Paper (2008). Another Inconvenient Truth: How Biofuel Policies Deepen Poverty and Accelerate Climate Change (Outra Verdade Inconveniente: Como as Políticas de Biocombustíveis Aprofundam a Pobreza e Aceleram as Alterações Climáticas). Obtido em 02 de agosto de 2013 em www.oxfam.org.hk/../content 3535tc.pdf

Parajuli, R. (2009). Jatropha curcas e as suas potenciais aplicações: Perito ambiental. Recuperado em 05 de agosto de 2013 de www.environmental.expert.com/Files/...

Parawira, W. (2010). Produção de biodiesel a partir de Jatropha curcas: uma revisão. Jornal de Investigação Científica e Ensaios. Vol.5 (14), pp1776-1808. Recuperado em 05 de agosto de 2013 de http://www.academicjournals.org/SRE.

Patolia, J.S., Ogunwole, J.O., Chudhary, D.R., Ghosh, A., e Chikara, J. (2007). Melhoria da qualidade de um Entisol degradado com Jatropha curcas L. em condições semi-áridas na Índia. Recuperado em 05 de agosto de 2013 de www.jatropha.pro/PDF%2520bestanden/...

Radich, A. (2004). Desempenho, custo e utilização do biodiesel. Recuperado em 07 de agosto de 2013 de www.ccst.us/../2013biofuels.pdf.

Raghuvanshi, S.P., Raghav, A.K., e Chandra, A. (2007). Renewable Energy Resources for Climate Change Mitigation (Recursos energéticos renováveis para a mitigação das alterações climáticas). Jornal de Ecologia Aplicada e Investigação Ambiental. Vol.6(4) pp15-27. Obtido em 9 de dezembro de 2012 em http://www.ecology.uni-corvinus.hu

Raju, A.J.S. e Ezradanam, V. (2002). Floração e frutificação no clima malaio de

Jatropha curcas L. Obtido em 07 de agosto de 2013 de www.doaj.org/doaj%3Ffunc%3Dfulltext...

Raswant, V., Hart, N., e Romano, M. (2008). Biofuel expansion: Challenges, risks and opportunities for the rural poor. Recuperado em 07 de agosto de 201

3 de
www.ifad.org/../biofuels.pdf

Reubens, B., Achten,W.M.J., Maes, W.H., Danjon, F., Aerts, R., Poesen, J., e Muys, B. (2011). Mais do que apenas biocombustível? Jatropha curcas Root System Symmetry and Potential for Erosion Control. Journal of Arid Environments. Vol.75 (2), pp201-205.... Recuperado em 07 de agosto de 2013 de www.pure.ilvo.vhanderen.be/../export.html.

Richardson, D. (2003). Como é que a extensão agrícola pode utilizar melhor as TIC para melhorar os meios de subsistência rurais nos países em desenvolvimento? Obtido em 07 de agosto de 201

3 de
www.departments.agri.hvji.ac.il/economi...

Relatório RIVM de Shinda Shinda (2008). Sustainable Bioenergy Option: A Case Study on Jatropha. Recuperado em 07 de agosto de 2013 de www.rivm.nl/../607034001.pdf.

Rodriguez, O.A., Sanchez-Sanchez, O., Perez-Vanzquez, A. e Caplan, J. (2009). A Jatropha curcas L. não tóxica do México, recurso alimentar ou biocombustível. Recuperado em 08 de agosto de 2013 de http://lib-ojs3.lib.sfu.ca:8114/../486.

Rogers, E.M. (2003). Visão geral pormenorizada da teoria de Rogers sobre a difusão da inovação e da tecnologia educativa" em Ismail Sahin: Turkish online Journal of Education Technology (TOJET). Vol.5(2) Artigo 3(2006). Obtido em 5 de janeiro de 2013, de www.tojet.net/articles/v5i2/523.pdf

Ryan, R.M. e Deci, E.L. (2000). Teoria da autodeterminação e facilitação da motivação intrínseca. Obtido em 5 de janeiro de 2013, de www.welldev.org.uk/wed-new/network/

Saverys, S., Terren, M., Winandy, S., e Haveskercke, P. (2008). Tentativa de cultivo de Jatropha curcas L. no baixo rio Senegal. Recuperado em 08 de agosto de 2013 de www.tropicultura.org/text/v30n4.pdf.

Siang, C.C. (2010). Jatropha curcas L.: Desenvolvimento de uma nova cultura oleaginosa. Recuperado em 08 de agosto,

2013 de www.eneken.ieej.or.jp/en/data/pdf/467.pdf

Singh, V.P., Achten, W.M.J., Verchot, L., Franken, Y.J. e Mathijs, E. (2006).

Comunicação curta. Climate Growing Conditions of Jatropha curcas L. Recuperado em 08 de agosto de 2013 de www.researchgate.net/publication/22..

Statrast (2004). Comunicação: Utilização da informação agrícola pelos agricultores.

Stern, P.C. (2000). Toward a Coherent Theory of Environmentally Significant Behaviour" [Para uma Teoria Coerente do Comportamento Ambientalmente Significativo]. Journal of Social Issues. Vol.56(3)   pp.407-424. Obtido de www.worldresourcesforum.org/files/f...

Sujatha, M., Makkar, H.P.S. e Becker, K. (2005). Jatropower: Jatropha não tóxico. Recuperado em 08 de agosto de 2013 de www.jatropower.ch/partnermg/non-to...

Tatedo (2012). Energias renováveis; Europe Aid: Melhorar o acesso a serviços energéticos modernos integrados para reduzir a eletricidade na Tanzânia. Obtido em 08 de agosto de 2013 em http://www.tatedo.org

Tatikonda, L., Wani, S.P., Kannan, S., Beerelli, N., Sreedevi, T.K., Hoisington, D.A., Devi, P. e Varshney, R.K. (2009). AFLP-based molecular characterisation of an elite germplasm collection of Jatropha curcas L., a biofuel crop. Plant Science Journal 176, pp. 505-513. Recuperado em 08 de agosto de 2013 de www.oar.icrisat.org/562/.

Tewari, D.N. (2012). Biologia floral e potencial de hibridação de nove acessos de pinhão manso (Jatropha curcas L.). Originário de três continentes. Recuperado em 10 de agosto de 2013 de www.tropicultura.org/../193.pdf.

Tomomatsu, Y. e Swallow, B. (2007). Jatropha curcas biodiesel production in Kenya: economics and value chain development for smallholder farmers (Produção de biodiesel de Jatropha curcas no Quénia: economia e desenvolvimento da cadeia de valor para pequenos agricultores). Centro Mundial de Agroflorestação. Documento de trabalho n.º 54. Obtido em 10 de agosto de 2013 em www.worldagroforestry.org/downloads...

Toluwase, S.O.W. e Apata, O.M. (2011). Impacto das cooperativas de agricultores na agricultura
Produtividade no Estado de Ekiti, Nigéria. Greener Journal of Agricultural Sciences. Vol.3 (1), pp63- 67. Recuperado em 10 de agosto de 2013 de www.gjournals.org.

Uyigue, E. e Agho, M. (2007). Gerir o clima e a degradação ambiental no Delta do Níger, no sul da Nigéria. Centro de Investigação e Desenvolvimento Comunitário, Nigéria (CREDC).   Obtido   em   10   de   agosto   de   2013   em www.priceofoil.org/content/uploads/2007...

Vancock, H. (2007). Desenvolvimento sustentável através do marketing verde. Recuperado em 8 de dezembro de 2012 de ro.iio\vedii.aii/cgi/vie\vcontent.cgi%3...

Van den Ban, A.W. e Hawkins, H.S. (1996). Agricultural Extension. Blackwell Science Publishers, 294 páginas. Recuperado em 20 de janeiro de 2014 de book.google>technologies>engineVan der Putten, E., Franken, Y.J. e Jongh, J. (2009). O livro de mão de Jatropha - SNV. Recuperado em 10 de agosto de 2013, de www.snvworld.org/en/Documents/FACT...

Warra, A.A. (2012). Potenciais cosméticos do óleo de semente de Physic Nut (Jatropha curcas Linn.): Uma revisão de Jatropha curcas L. America Journal of Science and Industrial Research. Vol.3 (6), pp358-366. Obtido em 10 de agosto de 2013 de www.scihub.org/AJSIR/3 6 dec2012.html

Wikipédia (2012). Exploração de recursos naturais. Recuperado em 6 de janeiro de 2012 de pt.wikipedia.org/wiki/Exploitation ...

Yammama, K.A. (2009). Jatropha Cultivation in Nigeria: Field Experience and Cultivation (Cultivo de Jatropha na Nigéria: Experiência de Campo e Cultivo). Programa do Escudo Verde das Nações. Obtido em 15 de setembro de 2012 em www.jatropha.pro/PDF%252obestanden/...

Yasmeen, K., Abbasian, E. e Hussain, T. (2011). Impact of educated farmers on agricultural product (Impacto dos agricultores instruídos no produto agrícola). Revista de administração pública e governação. Vol.1 (2). ISSN 2161-7104. Obtido em 10 de agosto de 2013 em www.macrothink.org/jpag.

Ye, M., Li, C., Francis, G. e Harinder, P.S. (2009). Situação atual e perspectivas da Jatropha curcas como planta oleaginosa. Recuperado em 10 de agosto de 2013 de www.corpoica.org.co/sitioweb/Docume...

Yoshida, K. (2004). Descritores mínimos para a caraterização e avaliação de Jatropha curcas L. na Índia.

Índice

I want morebooks!

Buy your books fast and straightforward online - at one of world's fastest growing online book stores! Environmentally sound due to Print-on-Demand technologies.

Buy your books online at
www.morebooks.shop

Compre os seus livros mais rápido e diretamente na internet, em uma das livrarias on-line com o maior crescimento no mundo! Produção que protege o meio ambiente através das tecnologias de impressão sob demanda.

Compre os seus livros on-line em
www.morebooks.shop

Printed by Books on Demand GmbH, Norderstedt / Germany